感性與溫度，致勝說服的36個影響力

會說故事的巧實力！

張宏裕——著

目錄＿＿CONTENTS

第一章 ｜ 人生即故事：
聆聽內在聲音，寫下心情點滴　　25

世界變快，心則慢，
故事好比路障，寫下透過心情點滴，
讓紛亂的人們停下腳步……
自己的故事慢慢說，內心的聲音慢慢聽；
真切的情感慢慢流，精彩的人生慢慢活。

故事好比路障：故事慢慢說，情感慢慢流，人生慢慢活。故事
是經過情感包裝的事實或創造情境，驅使我們採取行動，傳遞
真善美的價值。

從自己熟悉的人、事、物，開始說起。故事可以表達價值觀，
聽者或許感受殊異，卻總是感受真實而貼切。透過「故事」鏡
頭，看待自己人生。

故事誘發內心的聲音，構築夢想、採取行動。當人們發現故事
中有共同的價值觀時，就會凝聚認同，形成更好的合作關係。

故事，讓人重新定位角色，釐清生命中的輕重緩急，活對人
生。故事透過散文敘事，藉人抒懷，情是主軸，刻畫蘊藏其中
深情。

故事中經歷千重山、萬重水的轉折，

就是「英雄」打敗「敵人」的冒險過程。

你有多麼認真地面對人生，就可以走出多麼精彩的故事，

故事，讓我們在生命的轉角處，

不期而遇的一些人，將熄滅的心靈之火再次點燃。

目錄__ CONTENTS

第三章　**魅力領導:先說故事,再講道理**　127

相較於傳統說服:命令、說教、獨白、辯論方式,故事領導是激勵、影響與說服的最佳工具!領導要靠說服,而不是靠頭銜。善用三種故事源激勵團隊:

1. 挫敗逆轉的故事,要有勇氣承認
2. 他山之石的故事,足以典範學習
3. 優秀員工的故事,激勵團隊士氣

故事可以活化願景、凝聚共識,在潛移默化中惕勵與教化人心,達到領導者設定的目標。

目錄__CONTENTS

目錄__ CONTENTS

本書獻給——
所有傳揚「真、善、美」價值的人!

　　宏裕述說的故事情境,讓我們看到故事可以把一些難以描寫的價值,栩栩如生地描繪出來,例如:初心之心、逆轉勝、不服輸、明天會更好。祝福宏裕的好故事能嘉惠讀者。

未來式有限公司主席｜汪麗琴

　　我喜歡宏裕透過『先說故事、再講道理』的影響力,凸顯這個時代更為需要的感性情懷。

富邦文教基金會執行董事｜陳藹玲

　　在廣告上看到這句話「人生比數字,不如比故事」。因為數字是冰冷的,故事則是熱情的。數字累積到一個程度,邊際效益開始遞減,而故事則越說越有趣,越說越精彩。本書正是學習說故事的巧實力!值得推薦!

王品集團與益品書屋創辦人｜戴勝益

成為有故事的人，
做自己生命的設計師！

　　擔任企管培訓講師，一路走來無怨無悔。回顧當初情牽「傳道、授業、解惑」的講師夢，開始大量閱讀管理群籍，充實學養，畢竟「操千曲而後曉聲，觀千劍而後識器」，就深怕誤人子弟。接著再歷經如「唐吉訶德」夢幻騎士的征戰豪情，興致勃勃地雲遊四方，累積授課演講經驗，彷彿拿著長矛、騎著瘦馬，一路衝破艱難險阻，知其不可而為之。期間酸甜苦辣的點滴趣事，憑添繽紛色彩。

　　一般在授課中場休息，我會播放音樂，因偏愛鳳飛飛的「涼啊涼」，故從歲首到年終，都情不自禁的播放這首歌。直至某次寒流來襲，學員直呼：「老師，我們一陣寒意上心頭，好冷喔！」我才猛然驚覺，該換首溫暖熱情的曲子了。

　　還有某次下課，我正欲離去，突然一位男學員上前攀談，感謝今天收穫豐富，我不禁喜上眉梢。隨後他緩緩拿出一個隨身碟，羞澀的說：「老師，你中場休息播放的音樂，實在動聽悅耳，我可否拷貝一下曲目」。我立刻從沈

醉中醒來，告知他可自行在網路上尋找此曲目。接著，第二位女學員也前來感謝獲益良多，我還不疑有他，謙虛的感謝她的讚美，心裡慶幸孺子可教。沒想到下一秒鐘，她也緩緩拿出一個隨身碟，說：「老師，我可否拷貝你中場播放的音樂呢？」天啊！哭笑不得之餘，我深自反省，是否音樂勝過教材內容，否則怎會出現「買櫝還珠」窘況呢？（這個成語故事是說：一個裝著珠寶的盒子，因為外觀雕琢精美，結果客人只想買盒子，卻把珠寶退還給賣者的故事。）

此外，在準備不同課程時，老天也會巧妙地讓我學習「言行合一」的功課。某次前往授課，竟然發現承辦人員態度消極，不願配合教室桌椅擺設，頓時令我火冒三丈。經協調後，我含著怒氣開始講授當天課程：「情緒管理」。當天強顏歡笑，言行不一的表情，真令我五味雜陳。

另一次經驗：當天早上，距離上課時間只有五分鐘，我連跑帶趕，氣喘吁吁地越過馬路，飛奔衝進教室，面帶從容地準備開始講授「時間管理」，令我汗顏不已。至於在眾多課程中，自己最喜愛則是「說故事行銷」。因為「先說故事，再講道理」，故事分享猶如「一千零一夜」的情境，醞釀高感性、高關懷，期勉自己「人生，要活對故事」。

而能與學員熱情互動，則是所有講師夢寐以求的事，

彷彿彼此合拍跳探戈，共譜精彩舞曲。記得某次在大陸吳江，九點開始授課，全體學員竟然八點半全部就坐，精神抖擻，好整以暇地的等待講師。部分學員從蘇州廠趕來，清晨四點多就起床趕車過來，只為了避免遲到。兩天課程，紀律之嚴謹，學習之投入，令我動容，也激勵著自己傾囊相授。

情繫講師路，至今已十二年，寫了九本著作。「教學相長」過程中客戶與學員的「滿意度調查」回饋評價，有如乘坐雲霄飛車般：谷底的沮喪落寞與山峰的喜上眉梢，唯有虛心受教才能領略「倒吃甘蔗甜如蜜」的滋味。

至今每當授課曲終人散時，我的心情依舊是離情依依。因為珍惜每一次學員聚在一起的緣分，或許一生就只有這一次的機緣。我要的不多，因此，當學員在下課離去時「回頭」看我一眼，或者說一聲感謝，我的心也就滿足了。此刻，也想起前王品集團董事長戴勝益，為我第一本著作《團隊建立計分卡》寫推薦序的的一句話：「你認真，別人就當真」。這句話又讓我的講師夢，繼續在心田燃燒！

張宏裕

故事力與你同在，活出美好！

　　當故事說完了，溝通過程在於傳遞「啟發點（inspired point）」。如右圖示：夢想、行動、改變、勇氣、智慧、熱情。即便說者意欲傳達某種信念，聽者或許瞎子摸象，領會解讀不同，但已發揮故事玄妙功能：一個故事、兩樣情懷、千般解讀。故事源可歸納三大類：親身經歷、他山之石、典故寓言。人生要活對故事，願你我都成為有故事

| 故事溝通模型 |

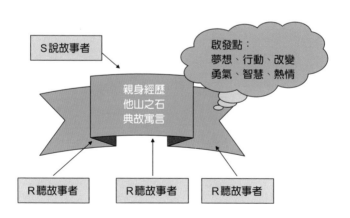

的人！

📖 說故事的巧實力（Smart power）

當 AI 人工智慧 AlphaGO 圍棋軟體戰勝棋王柯潔，柯潔難過的哭了！AlphaGO 雖在技術上戰勝了，但人類的「情感」贏了！

真切的情感是 AI 無法模仿的巧實力，故事讓人們會哭會笑，真情至性流露情感，感性與溫度終將勝出。如果奠基於深度學習（deep neural network）的 AlphaGO，透過大量的訓練樣本、龐大的計算能力、靈巧的神經網路結構設計，讓機器愈來愈有智慧；那麼同樣地，透過說故事的過程中，也能深度學習故事的啟發點與延伸聯想。

說故事的巧實力（Smart power）意指「先說故事，再講道理」，結合硬實力和軟實力的致勝說服策略能力：破冰、想像力、幽默感、同理心、正面思考

📖 說故事的「黃金圈」

「說故事的黃金圈」：動機（Why）、場合時機（Where & When）、來源（What）、技巧（How），如下頁圖所示。

| 說故事的黃金圈 |

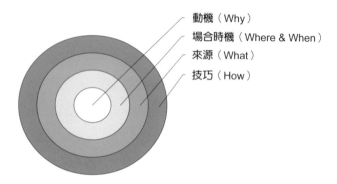

動機（Why）
場合時機（Where & When）
來源（What）
技巧（How）

一、Why？ 說故事的動機？ 為何要先說故事，再講道理？

● **解決事情之前，先處理心情。故事是一個路障，讓紛亂的心慢下來**：世事紛亂、人心惶惶的年代，充滿太多的對立、焦慮與不安，人際關係面臨信任的崩解。故事好比路障：故事慢慢說，情感慢慢流，人生慢慢活，啟發失落已久的感性情懷。

● **善用故事，刺激鏡像神經元，感同身受**：鏡像神經元（mirror neurons）是我們腦中有一群可以反映外在世界的特別細胞，透過視覺、聲音、情感，能夠理解別人的行為及企圖、彼此溝通。當我們傳遞訊息時，接收訊息者大約有百分之四十屬於視覺學習者（偏重圖表圖畫、視訊的理解）；百分之四十屬於聽覺學習者（偏重於演講的聲音訊息、內容討論

的觀點理解）；百分之二十屬於動覺學習者（偏重親自操作、經歷或感受）。

說故事可以滿足這三者的學習偏好：讓視覺學習者在故事裡透過想像，彷彿看到畫面。讓聽覺學習者專注聆聽抑揚頓挫的聲音和遣詞用字的表達。讓動覺學習者被故事裡情境感受觸動。

- **說故事，讓聽眾自己找答案**：故事，取代了命令、說教、獨白的溝通方式。聽故事的過程就像「瞎子摸象」，故事裡英雄與敵人的角色解讀，人人可以不同。這就是故事發揮的玄妙之處：一個故事、多樣情懷、千般解讀。
- **更具創意的「說故事」能力**：資策會數位服務創新研究所副所長林玉凡也說，內容業者將要更具創意的「說故事」。因為有八十六％的消費者被視為不愛看廣告，但調查發現，消費者是更想看有創意的廣告，甚至因此購物，內容業者要做更具備創意說故事能力的產品。此外，遠見雜誌二〇一四年四月號報導：大數據人才就算懂資工、統計還不夠，還要會說故事。

二、When & Where?**故事可以應用在哪些場合？**

- **產品行銷**：說一個品牌、商品或服務故事，情真意切，促動感性情懷。
- **群眾募資（眾籌）**：說一個親身經歷（創辦人）的故事，闡述理念，取代老王賣瓜，擅動性的浮誇。
- **業務推銷**：說一個顧客買單與滿意度的故事，爭取情感認同！
- **人資招募**：說一個企業軼聞、趣事的故事，傳遞企業文化與價值觀。
- **面談說服**：說一個親身經歷、逆轉勝的工作故事，展現自我特質與問題解決的能力！
- **企業文化**：麗池卡爾登飯店（Ritz-Carlton）訓練員工的方法是鼓勵同儕互相分享「哇！故事」，那些曾經讓房客感受賓至如歸的經歷。台新銀行、關貿網路、巨匠美語等，都已建立「故事錦囊」分享業務、客服人員的小故事。而更多企業如金士頓、中國信託、席夢思等運用微電影的故事行銷手法，凸顯品牌意涵！

三、What?**故事源在哪裡？**（本書收錄五十多個故事，隨取隨用）

- 在生活中曾經歷的一個難忘經驗（社會見聞、旅遊、家庭、人際溝通等）。

- 在工作中，與顧客溝通或銷售時的挫敗或成功經驗。
- 我曾經為工作所努力的一個獨特經驗（產品、服務、活動、品牌等）。
- 我與主管或同事在人際溝通中一個難忘經驗。

不斷積累故事錦囊，並深思故事傳遞的啟發點，日後可以隨時引用此價值觀的故事。

四、How? 如何把故事說好？

故事有兩種表達方式：盡量鋪陳 v.s. 點到為止（把故事線索簡單帶出）。

故事迷人之處，在於請君入甕三部曲：感性吸引、理性強化、激起行動。

掌握說故事三個關鍵點：引爆點（Tipping point）、轉折點（Turning point）、啟發點（Inspired point），可下圖：

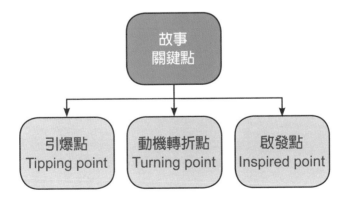

1. **引爆點**：九十秒內引人入勝，讓人有一探究竟的慾望。

2. **轉折點**：將個人情感與內心矛盾之處投射到故事。高潮跌起，拍案叫絕（好像乘坐雲霄飛車，讓人驚聲尖叫或驚聲尖笑連連）。

3. **啟發點**：傳達想要表達的精神與態度，帶出自己的個性與信念，提供價值，令人深思。當再次透過故事檢視過往的心路歷程，也可隱然產生療癒（therapy）功效。

本書結構分成四大部分（章），總計三十六篇故事與故事漣漪（延伸聯想）。

1. 人生即「**故事**」：聆聽內在聲音，寫下心情點滴。

2. 故事即「**人生**」：人生要活對故事，活出美好。

3. **魅力領導**：先說故事，再講道理。

4. **故事行銷**：促動感性情懷，心動才會行動。

第一、二章十八篇故事，以散文敘事說出親身經歷故事，包含：求學、愛情、親情、工作、興趣、人際溝通等，用意乃是讓自己成為有故事的人。只要認真活過，就算掙扎與沈吟，也是生命的真實軌跡。這十八篇故事已刊登於各報副刊或家庭版。

第三、四章十八篇故事，分別為：說故事的領導力與

故事行銷。故事類型涵蓋親身經歷、他山之石與典故寓言；技巧含：自由書寫、散文敘事與創作故事等。

　　閱讀本書的重要提醒：每一篇文章分成兩部分：第一部分是先說故事；第二部分『故事漣漪』，闡釋故事技巧、延伸思考的聯想力。「故事漣漪」以樹狀圖呈現，如圖：

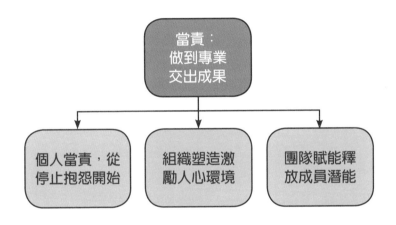

　　聽故事彷彿走進秘密花園，讓右腦被故事喚醒：編織想像、感性同理、正向思考。活著的每一天，都是人性與價值觀的爭戰。世界雖不像童話故事那樣美好，我們卻要有傳揚健康美善價值、轉化社會純潔文化的勇氣，願故事力與你同在，活出美好！

人生即故事：

聆聽內在聲音，寫下心情點滴

世界變快，心則慢，

故事好比路障，寫下透過心情點滴，

讓紛亂的人們停下腳步……

自己的故事慢慢說，內心的聲音慢慢聽；

真切的情感慢慢流，精彩的人生慢慢活。

故事好比路障：故事慢慢說，情感慢慢流，人生慢慢活。故事是經過情感包裝的事實或創造情境，驅使我們採取行動，傳遞真善美的價值。

• • •

我開始對於身邊的人、對於周遭的事、對於接觸的自然產生了興趣。於是我用眼睛的觀察，心靈的感受，情感的體悟去與他們展開對話。

今晨起床，時鐘已走在六點五分，窗外暗黑一片，卻擋不住我要以散步揭開一天序曲的衝勁。二〇一七年元月，節氣剛過完了小寒，卻未見寒意，似乎感覺暖冬。氣象預報這週末有冷氣團將來臨，鋪陳即將來臨的大寒節氣。

每天習慣的散步行程，會從社區中庭，來回巡禮兩圈開始。先禮貌地問候步道的兩旁的小葉欖仁和大葉山欖，我深知這是他們的地盤，臥榻旁不容他人酣睡，但卻與玉蘭花、桂花相處融洽，形成剛柔並濟的情境。接著，穿過花園小徑，瞻仰兩側威武雄壯的荊桐、黑板樹、茄苳與阿伯勒，感謝他們長年盡職，扮演先聲懾人的護衛。最後在輕聲呵護著七里香與白鶴芋的關愛聲中，我感謝他們目送我走出社區大門，準備漫步到附近碧潭河畔——被我任性暱稱的自家後花園。

沿著河岸，信步而行，望著陰沈微涼天空，想到許多寒冷的北方國度，漫長冬日與黑夜，會讓許多人陷入憂鬱情緒。立即提醒自己，趕緊舒展一下手腳筋骨，按摩一下各個穴位，讓通體舒暢，免得在這樣的天氣，心理上陷入陰霾。

走著走著，看到路邊兩隻黃狗，一大一小，由不同主人牽著，當兩隻黃狗擦身而過時，互相兇狠狂吠，兩位主人趕忙拉住制止。黃狗互嗆狂吠，不知牠是要驕傲炫耀自身本領，贏得主人青睞，還是佯裝掩飾害怕，也要奮力背

水一戰？

　　接著漫步到橋墩，看到一群鴿子，整齊排列在橋墩下，一副迫不及待，整裝待發，等著餵食他們的老人按時出現。幾隻白鷺鷥逕自站在淺水中的石頭上，細說著好不容易才送走昨夜水舞季的喧囂人潮，才得以有一點孤芳自賞的空間和時間。有時天空放晴，還會有許多隻老鷹在盤旋共舞，但快樂遨翔的鷹群中，有一隻是「遙控模型」的造型假老鷹。就像真假虛實的人生，也會在現實社會天天上映，不知那群老鷹一旦發掘真相，日後該如何面對那隻假老鷹？

　　走到吊橋邊，粼粼水波，今天怎不見那位丟擲「回力鏢」的中年男子呢？我每次看著「回力鏢」奮力飛出又回到手中，就好像自己有無數個夢想起飛後，有的實現了，有的卻掉落了，但心中總是喜悅。

　　漫步再來到渡船頭，我瞥見一位晨泳上岸的男子，看他結實的身材，心生羨慕不已。我低頭看著自己日漸「中廣」的身材，真不知該唱「往事只能回味」，還是「何日君再來」？有人說，散步時接近荒野自然，更容易傾聽到內心的聲音，散步時思緒特別清明，這種「存在性的相隨」能啟動感性情懷。

　　散步時，腳在地上走動，沒想到也順帶開啟：觀察的眼、傾聽的耳、沈睡的心。尤其與心靈深層的自我相遇，

探訪心靈的秘密花園：花徑不曾緣客掃，蓬門今始為君開。散步也讓我「快思慢想」：快思是靈感激盪，創意油然而生；慢想是行有不得，反躬自省。

看著時間已近七點，散步行程已近尾聲，我趕忙快步向著回程走，以避開即將大軍壓境的汽機車，不多時那震耳欲聾的喧囂聲足以讓人心煩意亂。想著古人能夠「結廬在人境，而無車馬喧，問君何能爾，心遠地自偏」；我今年的終極目標也將是，在這紛擾喧囂的城市生活中，學習保有「心靜自然涼，八方吹不動」的沈著冷靜，並培養同理、利他與分享的感性情懷，走出真善美的美麗人生。

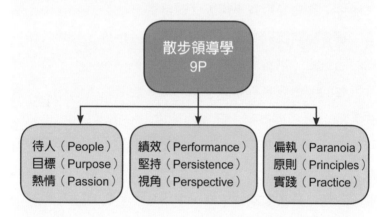

❶ 散步可以學領導，領導也要學散步，透過對話表達對領導的不同看法。美國有一對父子，六十五歲的執行長，和他三十六歲的創業家兒子，靠一起散步與知性、感性的對話，找尋放諸四海皆準的領導素質。整整六個月的時間，他們走了一百英里，翻越一座座山嶺，踩過海邊的沙灘，並走在都市大街，歸納出領導力的九個P：1待人（People）、2目標（Purpose）、3熱情（Passion）、4績效（Performance）、5堅持（Persistence）、6視角（Perspective）、7偏執（Paranoia）、8原則（Principles）、9實踐（Practice）

❷ 愛默生（Ralph Waldo Emerson）曾形容＜湖濱散記＞

作者梭羅：「他散步的時間與創作的程度成正比，如果將他關在房間裡，他將毫無產出。」梭羅每天至少散步四小時，有時走得更久。微軟在二〇一六年做了一個研究：人們在網路時代的平均專注力，比金魚缸的金魚還要短，只有八秒（金魚是九秒）。專注力這麼短，逐年不斷降低，什麼能夠抓得住你呢？ 如何維繫人際情感呢？ 如果要從每天的「塵世交戰」中脫離，或許散步讓自己的心思沈澱後更清明，深度的思想後並將它們寫下來的話，這是必要的。

❸ 多年前某電信公司廣告訴求：「世界變快，心則慢」。如何使我們的心慢下來呢？「故事」就是一個路障，使紛亂的人們慢下腳步。故事慢慢說，情感慢慢流。說故事人懂得細細觀察，文中細細描寫庭園的植物：荊桐、黑板樹、茄苳與阿伯勒、七里香與白鶴芋，聽者彷彿看到，進而觸動視覺。何不說一個故事，讓周遭的人們慢下來呢？

我的「三星米其林」

從自己熟悉的人、事、物，開始說起。故事可以
表達價值觀，聽者或許感受殊異，卻總是感受真
實而貼切。透過「故事」鏡頭，看待自己人生。

● ● ●

夜的來臨，讓我懂得歇息，放慢腳步，享受一下白
天得來不易的辛勤成果。

因父親偏愛江浙美食，從小我就對江浙名菜如數家珍：清炒鱔糊、蹄筋燴烏參、冬筍烤麩、芙蓉蟹黃煲、東坡肉、八寶辣醬、老雪菜黃魚……。他也不時敦促媽媽做出美味佳餚，如豬絞肉肥瘦比例適中的百頁捲（黃金條）。

　　每當媽媽「大廚上菜」，我即如餓虎撲羊搶先下箸，深怕自己吃得比別人少。我還會和弟弟兩個小蘿蔔頭，在餐桌上扮演油嘴滑舌的商人，邊吃媽媽做的菜餚邊談生意，擺出一副「小大人」把酒言歡的豪邁模樣。而揮汗如雨、看著丈夫、孩子大快朵頤的媽媽總是最後才上桌。

　　另外，我也喜歡陪爸爸一起觀賞「傅培梅時間」：程家大肉、松鼠黃魚、蝦仁炒鮮奶、砂鍋魚頭、酸白菜鍋等名菜，都讓電視機前的我垂涎不已。

　　進入職場擔任國外業務專員時，常有機會隨同高階主管陪外國客戶出入高檔餐廳，大啖法式料理、義式料理、印度咖哩、日本料理、泰式料理等酸甜香辣的異國美食，讓舌尖上的滋味變得更豐富。

　　年過半百後，身上的肌肉多轉為肥肉，腰圍也漸趨中廣。加上歷經多次食安風暴，讓遍嚐大江南北美食的嘴，開始眷戀妻子洗手做羹湯的溫馨與安心。於是我鼓動如簧之舌，說出滿口好菜，嚷嚷地央求賢慧妻子為我如法炮製。而她竟也使命必達地向朋友或岳母請教，做出不輸給餐廳的好口味。

每當我望著在廚房穿梭揮汗的廚娘背影，會貼心地在她旁邊擺台電扇、幫她搥個小背、說個冷笑話，試圖慰勞她烹飪的辛勞。但有時也會弄巧成拙，被妻子嫌煩而下逐客令。原來俗諺不假：一山不容二虎，太多廚子做壞湯。

有時妻子忙完烹飪，筋骨酸痛不堪，我索性幫她拍打一番，並自告奮勇清理餐後的碗盤。但向來手拙的我，總是愈幫愈忙，碗盤常洗不乾淨餘留殘渣。妻子還不得閒，要重新洗過，而我道歉的話語早已詞窮！

多年來，一道道我最愛的私房菜，陸續出自辛勞廚娘的手中：蔥爆羊肉、涼拌小黃瓜、紅燒牛腩、鑲豆腐、清蒸鯖魚、苦瓜鹹蛋、奇異果馬鈴薯沙拉……，總能通過我挑剔的味蕾，滿足口腹之慾。

而每當上桌吃飯時，思及當年媽媽總是最後入座的遺憾，我一定會耐心等待，邀妻子一起入座，做完感恩禱告後才開始動筷品嚐。曾有好手藝的媽媽，如今已屆耄耋之年，口中無牙，食物只能打成汁，配著軟爛稀飯入口，令我心疼不已。媽媽和妻子是我生命中最愛的兩個女人，於是我心中暗自決定，爾後不論妻子端出的是驚艷佳餚或是尋常小菜，都要不斷讚美、肯定兼灌迷湯，封以「食神」、「五星總鋪師」等雅號。那天我又嘴饞，央求她做一道「蕃茄牛肉蔬菜湯」，她問我這次又要給她什麼頭銜？我慧黠一笑：「三星米其林」。

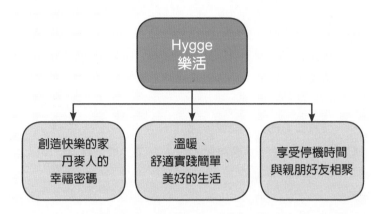

❶ 總有一些兒時記憶或與親人之間的互動，是永遠難忘的，這就是家的溫暖。故事就從家與親人的記憶，開始說起！媽媽和妻子是我生命中最愛的兩個女人。我回憶兒時，每當媽媽「大廚上菜」，我如餓虎撲羊搶先下箸，並和弟弟在餐桌上扮演油嘴滑舌的商人，長大後這一段回憶成為和弟弟互相調侃話題。

❷ 故事運用「時間軸」延伸：曾有好手藝的媽媽，如今已屆耄耋之年；對比如今一道道我最愛的私房菜，陸續出自辛勞廚娘的妻子手中。故事描寫加入驚訝與適當幽默元素，如：「食神」、「五星總鋪師」、「三星米其林」，讓聽者有聯想空間。

❸ 故事人人都有，但不見得人人都會說，且願意說出來。文化部為鼓勵臺灣一般庶民願意說出自己的故事，並與最愛的家人、朋友，乃至社會各界分享，推出「國民記憶庫：臺灣故事島」計畫，建置一個記憶分享網絡，將臺灣人民感動人心的故事記錄下來。未來可作為導演、作家靈感的素材，喚起關懷家人、土地、社會的情感，豐富臺灣的人文記憶。

❹ 「國民記憶庫：臺灣故事島」臺灣故事島網站　http://storytaiwan.tw/

抬頭的天空，更遼闊

故事誘發內心的聲音，構築夢想、採取行動。當人們發現故事中有共同的價值觀時，就會凝聚認同，形成更好的合作關係。

● ● ●

我終日尋找快樂，我終生探索幸福，我終於在成就自我，並激勵他人的過程中，找到答案。

某天早上興沖沖地搭乘捷運，準備從新店至南港展覽館，怎知一坐上車就覺得渾身不對勁：糟糕！忘了隨身攜帶的手機，一股失落孤寂感，油然而生。

　　天啊，忘了帶手機，晴天霹靂的震撼！頓時惶惶不安，如坐針氈。心想這一趟捷運行駛過程，至少要經過約三十個站，怎麼受得了這種孤寂考驗呢！心生一念：何不索性利用沒帶手機的時機，當做怡然自處的挑戰，或許此刻「境隨心轉」會有不一樣的體會呢？

　　於是兩隻眼也沒法閒著，我開始東張西望，觀察周遭的人事物。發現車上的人們大都是自顧自地低著頭，一刻不得閒的划手機、看平板，場景差可比擬：眾人皆滑機，唯我獨觀望；舉世皆3C，唯我獨沈思。

　　突然有一位年輕婦人抱著稚齡幼兒上車時，竟也鮮少人注意。只因我抬頭觀望，看到此情此景，毫不思索趕緊起身讓座，少婦也感激稱謝。

　　在車上，除了用眼睛觀察、耳朵聆聽、我也開始思考這些場景背後的意義。我開始回想：自己什麼時候開始減少與朋友電話溝通或見面聯絡，卻寧願透過社交群組軟體聯繫，彷彿可以躲在一層神秘紗的背後，讓別人猜猜自己的心境？我又想：自己什麼時候變得不愛說話、不喜歡外出踏青、不喜歡寫下喜悅或悲傷的心情點滴呢？我再想：自己什麼時候開始不太有耐性、不願意花時間等待、不願

意花時間陪伴親人，以致於感情都變的漸漸冷漠了？難道這一切的改變，不是從自己更多的在「低頭」使用手機開始之後嗎？

猛然驚覺，我的低頭不再是「思故鄉」而是處處滑手機，我的抬頭不再是「望明月」而是展場看3C。竟開始懷念起我在大學時期的初戀，那是一個沒有網路與手機的年代。某次與女友約會，因為錯過時間，從白天等待至黑夜，苦苦守候的情景，思念的等待竟然也是一種甜美。如今，至於能與家人一起晚餐話家常、能與好友在重要節慶共享桌遊的歡樂，似乎已經是一種奢望了。因為眼球都被網路霸佔了，心思都被速度取代了。我便想起小王子一書所說的：「是你願意花在玫瑰花的時間，才讓玫瑰花變得更重要」

不知不覺地，捷運已抵達目的地，乘客陸續出站，我也跟著走出站外。抬頭看著天空，感覺特別蔚藍，感受戶外攝氏二十六度的溫度，伴隨著舒適宜人的微風，更是舒爽。再望著街上林立的看板店招，有些七橫八豎，有些排列有序，構成市容景觀。路旁的行道樹，默默守護著熙熙攘攘來往的人們，也窺探人群臉上浮現的不同表情：或談笑風生、或神情嚴肅、或若有所思、卻少有閒情逸致。而彷彿也只有我懂得行道樹的心情，此刻良知、自覺似乎更透亮清明，感性情懷也慢慢開啟了。

日前太陽西下的一個傍晚，抬頭看著夜空，竟出現「金星伴月」的有趣畫面，好像美人嘴邊的一顆痣，星月交輝，惺惺相惜。不由得記起有一句廣告台詞提醒世人：「世界變快，心則慢」。我提醒自己：低頭之餘，不要忘記再抬頭。抬頭的天空，更遼闊！

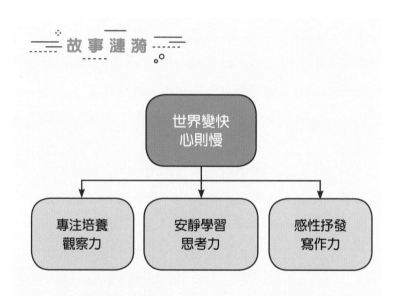

① 講授「故事力」課程多年，常有學員面臨無法找出「故事源」的困境。我會建議學員做一個孤寂考驗：刻意找個不帶手機時機，抬頭看周遭的人事物、大自然景觀，

邊散步邊思考，你會發現許多「現象」與「問題」。這些「現象」與「問題」可成為故事的線索與來源！

❷ 盧建彰導演說：「有印象就有故事，全世界都是你的觀察對象。有觀點才有立場，立場是說服別人的起點」。作家楊照說：「故事包裝人生，人生演繹故事，故事可以激發創意，創造出無限的可能與價值」。文章最後引用「世界變快，心則慢」的警語，仿若暮鼓晨鐘，作為要傳遞的「價值啟發點」。

❸ 美國學者 Daniel Pink 提醒，我們早已生長在一個「理性有餘，感性不足」的世界，因此未來等待的人才，是需具備「高感性、高關懷」的人，才能勝出。相較於硬議題如「減少使用手機」的說教、分析，不如「先說故事、再講道理」卸下心房，才能促動感性，傳達理念。

❹ 傳統理性說服 v.s 故事行銷說服

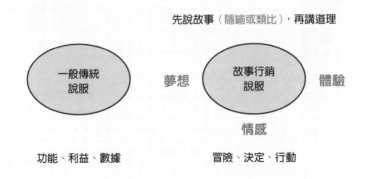

先說故事（隱喻或類比），再講道理

一般傳統說服　　夢想　　故事行銷說服　　體驗

情感

功能、利益、數據　　　冒險、決定、行動

「老萊子」五部曲

故事，讓人重新定位角色，釐清生命中的輕重緩急，活對人生。故事透過散文敘事，藉人抒懷，情是主軸，刻畫蘊藏其中深情。

• • •

寧靜是最奢華的享受。心靈時時滌盡塵埃，讓我擁有再出發的勇氣。

我雖已過「知天命」之年，因與媽媽感情極好，仍常扮演現代「老萊子」角色。媽媽已屆九十二歲耄耋之年，口語表達與記憶力日漸衰退，那天我驚覺如再不精進自己的逗趣功力，很難博取她老人家的歡心。

　　因此，我重編了「老萊子娛親五部曲」：除了與媽媽一起哼唱如「一隻小雨傘」、「媽媽請妳也要保重」、「歡喜就好」等經典台語老歌以外，還要陪媽媽翻閱年輕時在「山水亭」擔任會計工作的照片，訴說她深受老闆肯定讚賞的「豐功偉蹟」，讓媽媽沈浸在快樂的回憶中。此外，天氣晴朗時，帶媽媽到中庭曬太陽，按摩四肢。再牽著她的手逛逛賣場，吃一頓軟爛容易入口的午餐。最後看著她笑呵呵的滿足面容，親吻媽媽的臉龐，送她快樂返家。

　　但日前去看望媽媽，她突然不認得我了！神情木然，頻頻問：「你是誰？」雖然面對母親老化失智的事實，我早已做好心理準備，但當症狀出現，仍沈痛難抑。在人生的旅程中，「時間」、「死亡」和「愛」三個元素，編織了人生精彩曲折的劇本。我們渴望愛、害怕死亡、卻希望有更多的時間。日前一部電影就描述了一位原本婚姻美滿、事業有成的中年男子，在遭逢六歲的女兒病逝後，陷入一片慌亂。不僅婚姻破碎、社交瓦解、生活失衡，工作也岌岌可危。男主角寫了三封信給「時間」、「死亡」和「愛」，丟入郵筒，藉以抒發自己鬱悶情緒。他的三位友人

將計就計，雇用三個業餘演員扮演「時間」、「死亡」和「愛」，分別回信給主角，並與他互動對話，最後主角終於療傷止痛，得到心靈救贖。

對於媽媽失憶這個事實，讓我思考人生中「時間」、「死亡」和「愛」的意涵。「時間」代表要及時行孝，「樹欲靜而風不止，子欲養而親不待」。「時間」讓我們分辨人生中的輕、重、緩、急，從容不迫的擇其所愛、愛其所選。而「死亡」則是生命中最難以面對的課題，但它也讓人們在「死亡」面前變得更柔和謙卑。我和媽媽因為有基督信仰，所以樂觀地期盼有著永恆的天家。

至於「愛」則是萬物和諧的源頭。在侍奉媽媽過程中，我學習愛的箴言：「愛是恆久忍耐，又有恩慈；凡事包容，凡事相信，凡事盼望，凡事忍耐，愛是永不止息。」並能將對愛護媽媽的小愛，擴及「老吾老以及人之老」大愛。

昨天，當我再次陪伴媽媽，施展「老萊子娛親五部曲」，沒想到媽媽竟然回復記憶！緊拉著我的手說，我是她最心愛的兒子！ 至此，我告訴自己：稱職扮演「老萊子」的角色，將會讓我的人生，了無遺憾。

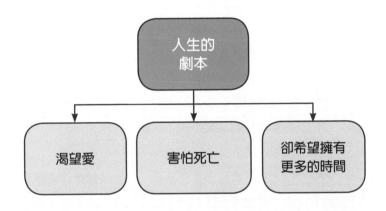

❶ 寫這篇文章，讓我聯想起另一個故事：

一位成績優秀的青年應徵大公司的經理職位，通過重重面試關卡，最後董事長親自與他最後面談。董事長從履歷上發現他成績從中學到研究所，一直很優秀。董事長問，你在求學時誰替你付學費？青年回答，我父親在我一歲時就去世了，我母親給人洗衣服，替我付的學費。董事長看著青年一雙白晰的手，問說，你幫母親洗過衣服嗎？該青年回答，從來沒有，我媽總是要我多讀書，再說，母親洗衣服比我快得多。

董事長說，你今天回家，先給你母親洗一次雙手，明天上午再來見我。青年覺得這個考驗很簡單，回到家後，

高高興興地要給母親洗手，母親受寵若驚地把手伸給孩子。青年給母親洗著手，漸漸地，眼淚掉下來了，因為他第一次發現，他母親的雙手都是粗糙的老繭，有個傷口在碰到水時還疼得發抖。

青年第一次體會到，母親就是每天用這雙有傷口的手，洗衣服為他付學費，母親的這雙手就是他今天畢業的代價。該青年給母親洗完手後，一聲不響地把母親剩下要洗的衣服都洗了。

第二天早上，該青年去見董事長。董事長望著該青年紅腫的眼睛，問他昨天回家做了些什麼嗎？該青年哭著回答說，我給母親洗完手之後，也幫母親把剩下的衣服都洗了。沒有母親，我不可能有今天。董事長說，我就是要錄取一個懂得感恩，會體會別人辛苦的人來當經理。你被錄取了。

❷ 「天若有情天亦老，月若無恨月常圓」，親情、友情與愛情故事是情感的倉庫。如何讓我們與父母一起變老、變好，那就是「陪伴」，至少讓我們在情感上沒有遺憾。文中描寫母親像柔和月光，散發溫暖和希望。幼兒時，媽媽在我們破洞的衣服上縫了又縫，那種補丁的心意，讓我想起唐朝詩人孟郊寫的：「慈母手中線，遊子身上衣，臨行密密縫，意恐遲遲歸，誰言寸草心，報得三春暉」。在媽媽的懷抱中，是一生愛的襁褓；有媽媽

的地方是天堂，也是幸福的。

❸ 在人生的旅程中，「時間」、「死亡」和「愛」三個元素，編織了人生精彩曲折的劇本。我們渴望愛、害怕死亡、卻希望有更多的時間。「時間」讓我們分辨人生中的輕、重、緩、急，讓人重新定位自己的新角色。從容不迫的擇其所愛、愛其所選。故事中點出：稱職扮演「老萊子」的角色，將會讓自己的人生，了無遺憾。

只有用心去看，才能看見一切

故事結構：開頭、中間、結尾；分別代表"背景、行動、結果"。確保你的故事要符合你想傳遞的價值，縱使他人有不同的解讀。

• • •

我們四面受壓，卻不被困住；出路絕了，卻非絕無出路；遭逼迫，卻不被撇棄；打倒了，卻不至滅亡。不要被歷史的包袱侷限住，要勇敢迎向世界，做一些美好偉大的事情。

每次與太太一起散步或旅遊時，她那顆細膩的心與觀察的眼，總讓我驚訝不已，自嘆弗如。曾經我們漫步在大安森林公園旁，她突然驚喜地彷彿發現新大陸一般，告訴我說：你看，你看，木棉開花了！我彷彿在沈睡中被敲醒一般，問說，在哪裡？她指著高高的樹上說：在那裡！

　　曾經我們徜徉在台南億載公園，她突然如獲至寶地對我說：你看，你看，黃花風鈴木開花了！我又好似大夢初醒一般，問說，在哪裡？她指著高高的樹上說：在那裡！

　　曾經我們悠遊在陽明山國家公園，她喜孜孜地告訴我說：你看，你看，台灣藍鵲！我彷彿又被地震搖醒一般，問說，在哪裡？她指著高高的樹上說：在那裡！

　　於是我開始意識到：張開著眼睛，不一定看得見、看得清事物。只有用心去看，你才能看見一切。回顧自己的人生，彷彿低頭與平視的時間多，抬頭與環顧周遭身邊的事物少。有一位熱愛生態的攝影家朋友，為了拍一隻諸羅樹蛙照片，不知捐了多少血給了林中的小黑蚊。也有一位遠在加拿大定居的好友，喜歡徜徉大自然，練就了喜歡觀賞動植物、喜歡手做與烘焙的興趣，每次與我分享大自然的山水風情與鳥獸蟲魚之樂，我都只有聆聽按讚的份，無法給於回饋分享。這雙重的刺激讓我覺醒：該是開啟觀察的眼、好奇的心、傾聽的耳，人生的視野才能有所更遼闊！

爾後，當我走在自家社區中庭，看到栽種樹木的說明牌示，開始有興趣地關注與認識：肉桂、七里香、大葉欖仁、小葉欖仁、旅人蕉、阿伯勒等。或即便是走在路上，也會抬頭看看路邊的羅漢松，桂花，和台灣五葉松等植物。於是開始愛上旅行，並學習觀賞身邊的植物，聆聽山中的蟬鳴、鳥叫與溪水聲。日前剛從南投集集和溪頭三天兩夜回來，進入溪頭園區，園方精心設計認識植物的闖關之旅，都覺得格外有趣。在溪頭園區走到神木那邊兩小時的途中，邊走邊拍照卻也不忘認識旁邊的裂葉秋海棠。在涼亭歇息過程中，看到了不怕人的松鼠和台灣藪鳥向我們乞食，原本單調的林中漫步也憑添不少樂趣。走到溪頭神木景觀區，也仔細了解這棵高約三十八公尺，二千八百年歷史的神木是日據時期，因為被伐木工人測知中間空虛，已成為無用的呆木，而才能保留至今。

於是，爾後不論是去了杉林溪附近的忘憂森林，也開始好奇的探索那是九二一地震後形成的堰塞湖。或者在南投集集搭乘支線火車到車埕，看著一片巍峨山景，才知道原來在這條集集線的終點站，有個這麼美的地方，因此還有個別稱--「最後的火車站」。

就像小王子寓言故事中，藉由狐狸告訴小王子說：「這是我的一個秘密，再簡單不過的秘密：一個人只有用心去看，你才能看見一切。因為，真正重要的東西，只

用眼睛是看不見的。」原來觀察的眼、好奇的心、傾聽的耳，一方面在親近大自然時，讓我紛亂的心學習慢下來，像古人「鳶飛戾天者望峰息心，經綸事物者窺谷望返」；另一方面領略與大自然共生為伍，需要同理關懷，才能共存共榮。哇！多美好的領悟！

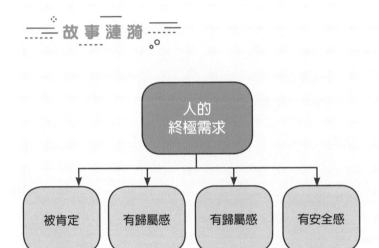

❶ 故事結構是只講一件特殊的事件，而且前後有因果關係。故事的結構：開頭、中間、結尾；分別代表「背景、行動、結果」。

❷ 本文背景：受到太太啟發，我才懂得用細膩的心與觀察的眼。才會看到火紅橘的木棉、以及黃花風鈴木。行動：那次在溪頭園區走到神木那邊兩小時的途中，與朋友交談了解彼此的生活趣事與價值觀，邊走邊認識旁邊的裂葉秋海棠、看到了不怕人的松鼠和台灣藍鳥向我們乞食、還有高約三十八公尺的神木，原本單調的林中漫步也憑添不少樂趣。結果：原來觀察的眼、好奇的心、傾聽的耳，讓我在親近大自然時，學習沈澱紛亂思緒，領略與大自然共生為伍，需要同理關懷，才能共存共榮。

❸ 擁抱故事多年後，我總認為當對自然有情關懷時，對人也會有情關愛。

自由書寫遣懷！

自由書寫練習是說故事的前奏曲，心靈的秘密花園。自由書寫幫助表達深層思想與情感，藉由「觀察、書寫、思考、閱讀、分享」的循環圈，無形中提升「靈感、聯想力與創意」，自然成為會說故事的天生贏家。

● ● ●

我要走出舒適安逸圈，迎向變革。驅動力讓我超越現況，讓夢想變為可能。

一位大學任教的好友告訴我，她曾指定學生撰寫一篇150字的心得報告，大部分學生都覺得困難、勉強而無法完成。因為學生們在撰寫過程中，不是思緒打結就是不知所云。

　　朋友提到的這個困境，引發我高度的興趣。首先，我發現數位行銷當道的時代，氾濫膚淺的資訊霸佔我們的眼目，以致於我們花了太多時間「看」訊息，卻花了太少時間「想」事情、「寫」心情。

　　其次，不僅學生寫心得，就連我們說心情、聊心事，都力不從心，意願缺缺，以致深層的思想與情感不易表達出來。因此，身為一位「傳道、授業、解惑」的企業培訓講師，我決定積極探索這個問題。

　　某次，我為企業授課時，我問著台下的學員：世界上什麼速度最快？是子彈列車、超音速飛機還是光速？結果，我們得到共同的答案是：人的心思意念！人的心思意念，刻變時翻，有可能這一秒愛之欲其生，下一秒恨之欲其死；人的心思意念，有可能能人在曹營心在漢：此刻眼睛望著你，心裡想著她；人的心思意念還可以藉著神遊，飛上銀河星空；沈入最深的海底，跨越時間空間任遨遊，難道這都不比太空梭、火箭、光速還要快嗎？

　　接著我說：既然如此，如果我們能把心思所想像、或想到的「第一意念」寫下來，而且是無拘無束的寫下來，

那麼在盡情揮灑的過程中，自己喜、怒、哀、樂、愛、恨、欲的情感也就自然流露了。因為，往往我們心情鬱悶，但找不到適當的人傾聽與抒發，最簡單的方法就是：說給自己聽、寫給自己看。透過與心靈對話的「自由書寫」（free writing），與深層的自我相遇，啟動高感性與高關懷，也讓自己成為一個會說故事的天生贏家。

有學員露著狐疑眼光，問說：老師，難道不用擔心自己的心情寫出來，別人看了會嘲笑嗎？我說：除非你自己願意分享給他人聽，否則你可以選擇只給自己看，或親密好友分享。因為筆隨心走的自由書寫，是你心靈的秘密花園：花徑不曾緣客掃，蓬門今始為君開。你只願意向摯友敞開，畢竟值得你信任的人可能不多。

台下的學員聽的入神，迫不及待的想要學習。於是我請他們拿出一隻筆、一張紙，先閉上眼睛，放鬆沈澱心情，默想這一週、前一天或此刻的點點滴滴。接著開始在紙上，寫下自己最想說的話，包括當下的思緒、事件發生的過程、某一段難忘的經驗等。讓筆帶著你的心和思緒走，不需要停太久，內在聲音就被你挖出來了！

教室開始安靜了，只看見學員紛紛振筆疾書，專注投入。約七分鐘後我請大家自由分享。有位學員告訴我：老師，真沒想到只要一隻筆隨心走，就可以抒發我抑鬱的情緒，慢慢將問題釐清頭緒，找到新的方向，重新出發。

我回應說：的確，這種「存在性的相隨」能夠讓自己：獨處時不寂寞、痛苦時有宣洩、感觸時有紀錄，可成為陪伴自己一生的隨身寶。尤其，當沒有人愛你、理你、捧你、哄你的時候，筆隨心走，幫你建立信心，走出低谷；當有人恨你、怨你、害你、騙你的時候，筆隨心走，幫你擦乾眼淚，認清人性，走出真善美的美麗人生。

此外，我進一步引導學員思考：一隻禿筆寫在紙上，還可以與古人神遊，角色互換，暢談一番。

學員面露不解神情，我補充解釋：比方說當你有鴻鵠之志的遠大抱負時，卻有志難伸時，就可以透過自由書寫，在紙上去與曹操青梅煮酒論英雄；或當你獨處孤寂，有感而發時，就可以透過自由書寫，在紙上去與詩人李白對影成三人、與杜甫共看月湧大江流、與白居易共賞琵琶行，融入跨越時空的想像情境。

學員立刻呼應說：太棒了！那當我情場失意的時候，只要一隻筆隨心走，便可找一下陸游，唱一曲《釵頭鳳》，傷別離時，只要發揮想像力，便可約一下柳永，到楊柳岸，看曉風殘月、聽寒蟬淒切！

於是，這堂課我們又領悟到自由書寫教會我們『快思慢想』：快思是靈感泉湧而出，創意油然而生；慢想是思慮周延思考，邏輯仔細推理。自由書寫，不僅可以幫助許多行銷企劃人員、創意工作者、主管幹部在發想構思、提

案、策略與會議時，激發靈感與創意，化解腸枯思竭的窘境。

下課前，學員興致勃勃，我再次提醒：隨時、隨地、隨事，都可以透過自由書寫，與心靈對話。或許找個金星伴月的夜晚，更容易讓自己暢所欲言，盡情揮灑，並有個好眠了！

故事漣漪

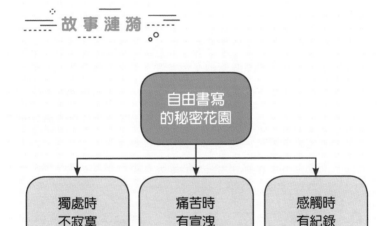

❶ 統一集團前總裁、三三會顧問，林蒼生提到：「廿一世紀的現在，是網絡密布、電磁波瀰漫的時代，除了看得見的變化，還有看不見的潛移默化，例如生活方式改

變，書寫方式退化，思考方式的現實化，都顯見人類意識在改變，而且是往鈍化方向改變。我們能改變這趨勢嗎？」

❷ 「往鈍化方向改變」，提醒我們：你花了多少時間「看」手機訊息？花了多少時間「想」事情、「寫」心情？淺碟型的知識充斥，導致閱讀習慣荒廢與寫作能力低落。何不透過「自由書寫」──我寫、我說、故我在，來避免思維、閱讀與表達鈍化呢？

❸ 世界衛生組織（WHO）表示，全球受憂鬱症所苦的人二〇一五年推估已增加至 3.22 億人，比二〇〇五年增加約十八％，每年損失約十億美元。在這紛擾喧囂的城市生活中，如何怡然自處？我從二〇一五年開始透過「自由書寫」（free writing）技巧，記錄心情點滴，而許多故事就在觀察、思考與記錄下慢慢浮現。讓自己成為「有故事的人」，我們都可成為「新一千零一夜說故事人」。

❹ 如果故事又臭又長，誰願意聽？如果故事哀怨又灰色，負面又沈痛？誰願意聽？那就說給自己聽吧！這就是自由書寫。自由書寫類似信筆塗鴉，隨時、隨地、隨手寫下心情點滴，文字圖像都可以。因為書寫的本身就可訓練自己激發靈感。心靈自由書寫，更可與深層的自我相遇。因此當你腸枯思竭時，立刻動手隨意寫就對了，許

多靈光乍現的思維與點子就隱藏在自由書寫中。

❺ 你的名聲與形象是別人聽到你的故事，拼湊起來的。自由書寫練習是說故事的前奏曲，心靈的秘密花園。現在開始在紙上，寫下自己最想說的話，包括當下的思緒、事件發生的過程、某一段難忘的經驗，讓筆帶著你的心和思緒走吧！

耶誕狂想曲

快樂的節期是引發故事源的最好觸媒，有歡樂、悲傷及省思。用「覺醒」召喚聽故事者的口碑，讓別人替你傳揚故事。

• • •

美麗的鮮花是大地托住的；快樂的鳥群是森林托住的；我們的夢想是團隊托住的。

每當打開新聞媒體，接收到的盡是衝突紛擾的訊息。然每年銀色耶誕來臨前夕，看著各處店家擺設繽紛裝飾的耶誕樹，聽著溫馨的耶誕音樂，卻總能為心靈帶來一份寧靜祥和的感受。因此，即使年過半百、從不參加狂歡派對的我，仍喜歡耶誕節的氣氛。

　　孩童時期，常幻想有一天，穿著紅衣紅褲、戴著紅帽，有著雪白大鬍子的耶誕老公公會駕著超炫的紅鼻馴鹿飛天車，在耶誕夜降臨我們家，為我送來一份驚喜的禮物。

　　父親聽我訴說願望後，為了滿足孩子的想望，即使當時經濟拮据，仍從此每年不忘為我們製造一個「驚喜」的耶誕夜。他會喬裝成聖誕老人，等待夜晚我們三兄弟熟睡後，偷偷地在三個小蘿蔔頭的枕頭旁放上一份神秘禮物。待隔天我們起床後，歡喜蹦跳地拆禮物。有時是枴杖糖、巧克力，有時是蛋糕餅乾。在物質享受貧乏的年代，這些零食對孩子來說簡直是一種奢望。父親看著三個小蘿蔔頭那種發現禮物的驚喜表情，總會對自己的精心設計露出洋洋得意的笑容。

　　有一年耶誕夜，我睡到半夜迷迷糊糊地起床，突然眼睛為之一亮，發現枕頭旁又放上了一份包裝精美的神秘禮物。打開一看，竟是我最愛吃的巧克力。此時，嘴邊有一顆好吃痣的我，竟貪婪地先將自己的那份巧克力吃完，再

伸出小手將哥哥弟弟的巧克力也一併清空。吃得牙齒與嘴角盡是咖啡色的我，滿足地繼續倒頭呼呼大睡。

　　隔天早上，因怕事跡敗露，我刻意最晚起床。只聽哥哥弟弟看著空包裝紙，氣憤地大聲質問：「誰把我的巧克力吃光了？」我還故作不知情地揉揉惺忪睡眼說：「會不會是被老鼠吃掉了？」但當他們指著我滿嘴的巧克力殘渣時，我也只好俯首認罪了。

　　這段記憶至今仍成為家族聚會時常被提及的糗事，而我更感謝當年用心良苦的父親，所帶給我們一個個難忘又驚喜的耶誕夜。

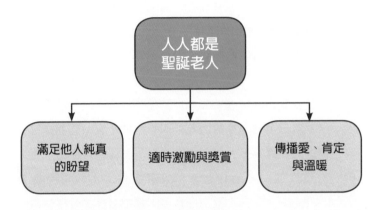

❶ 寒冷的聖誕夜總令人有無限的遐想。至少我會聯想到
兩個故事：丹麥著名童話作家安徒生《賣火柴的小女
孩》，以及英國偉大作家查理斯・狄更斯在《聖誕頌歌》
（或譯《小氣財神》）。

❷ 《賣火柴的小女孩》故事描述：在一個寒冷的聖誕夜，
一位可憐的女孩在街上賣火柴，女孩瑟縮在牆角，點燃
火柴來溫暖自己，她在火光中看到一些幻影，包括聖誕
樹和聖誕大餐。她害怕父親，因為如果賣不掉火柴父親
會毆打她，因此她不敢回家。此時她見到天空中有流星
劃過，便想起祖母的話，流星代表著人的死亡。當她劃
了下一根火柴後，她看見了自己的祖母，那是唯一對自

己友善的人，為了維持祖母的幻影，她不斷地劃下火柴。最後在看著富人歡樂、舉杯共慶的12月31日，她在劃下一根火柴燃盡後，女孩死了，但嘴角卻帶著微笑，她的祖母把她的靈魂帶到天堂。安徒生這個故事表達對窮苦人民悲慘遭遇的深刻同情，和對當時社會的不滿。而我最深的領會是：「那唯一對自己友善的人，會是讓自己再站起來的力量。而你永遠不會缺乏對自己友善的人，因為至少你一定要喜歡、友善對待自己」

❸ 狄更斯的《聖誕頌歌》，故事描寫：主角斯克魯奇（Scrooge）具有一種極端貪婪、極端吝嗇的性格特徵，淒厲的寒風也比不上他的冷酷。在一個聖誕夜他被三個聖誕精靈造訪，分別是：過去之靈、現在之靈、未來之靈。「過去之靈」讓他看到在孤單寂寞的童年生活中，他的姐姐對他倍加關愛的情景，以及他當學徒時，仁慈善良的老闆在聖誕之夜和大家一起開心跳舞，款待員工的情形。「現在之靈」讓他看到自己的一個窮困部屬，他們家裡沒有聖誕禮物，沒有火雞，可每個人臉上都洋溢著幸福的微笑。「未來之靈」讓他看到自己衰老之後病臥在床，連耶誕節也沒有親人朋友來看望的孤苦景象。於是，他開始重新思考生活的意義，才發現原來「施比受更快樂」。故事漸漸喚醒人性的另一面——同情、仁慈、愛心及喜悅。讓我們有了棄惡從善的轉變，

那固有的自私及冷酷迅速崩塌，消失殆盡，學習變成一個樂善好施的人。

❹ 此外，還有一個關於冰島的聖誕節傳聞，是冰島自助旅遊達人吳延文告訴我的：冰島的聖誕節足足有半個月之久，是因為這裡的聖誕老人有十三個聖誕老人。聖誕老人們非常調皮、各具特色，從每年的十二月十二日開始，一天一個從山上跑下來到鎮上搗亂，一直到十二月二十四日聖誕夜。他們十三人搗亂的特色分別是：騷擾羊群、偷牛奶、偷吃剩菜、舔湯匙、舔鍋子、舔碗、大力關門、優格小偷、香腸小偷、偷窺小偷、鉤肉小偷、就是愛聞、以及十二月二十四日最後一個蠟燭小偷。而等到十二月二十五日聖誕節這天來臨時，這些聖誕老人就會以來時的順序，一天一個跑回山上，直到隔年元月六日最後一位離開後，人類世界才算恢復安寧，哭笑不得的搗亂總算畫下句點，普天同慶，可喜可賀。

❺ 在每一個雨雪風霜的平安夜，聖誕老人不辭辛勞地爬入每一根煙囪，將每個孩子許願的禮物投入壁爐上一隻隻色彩繽紛的長襪中。而每個人的心中都彷彿潛藏一個孩子般的純真，期盼聖誕老人的眷顧。

情牽琴師夢

故事，就從好久好久以前開始……，幕幕情節像列車慢慢駛過，歷歷在目彷彿導演分鏡表。故事讓我們沉浸在快樂心流，找到再出發的力量。

● ● ●

一條孤寂的溪流也會持續向著夢想奔流。一顆樹上的枝枒也會奮力向著自由舒展！因為總有一個日出之地，帶給人充滿希望。

我與鋼琴結緣，要回到三十年前的大學時光。當時台灣正流行法國鋼琴王子理查克萊德門的浪漫鋼琴曲。我的同學僅花了三個月學習流行鋼琴，就能優雅地彈奏「科羅拉多之夜」，讓我羨慕不已，也立刻跑去學琴。

　　經過三個月的努力學習，靠著左手彈奏和弦與節奏，右手彈奏音符旋律，竟也能輕易上手。從經典老歌「月河」、「小白花」、「西湖春」，到理查克萊德門的「夢中的婚禮」、「給愛德琳的詩」等音符，皆能有模有樣地從指尖流洩而出

　　到了研究所時，原本愛唱歌的我因發音不當，導致聲門閉鎖不全，醫生囑咐要少說話和唱歌。父親見我鬱鬱寡歡，鎮日眉頭深鎖，於是在經濟並不寬裕的情況下，買了一台鋼琴送給我，讓我一圓彈琴夢。從此，我總隨著心境與際遇，彈著或悲涼或歡愉的鋼琴曲目，甚至期望能尋覓知音，如古人鍾子期一般，不論演奏高山或流水的意境曲子，都能被知音伯牙一一參透。但若無法覓得知音，獨享自彈自唱的樂趣也無妨。

　　斷斷續續學了一段時間的流行鋼琴，對鋼琴音樂的喜愛程度也與日俱增。進入職場後，連追求一位心儀的女孩，與她的第一次約會也選在有琴師現場演奏的西餐廳。或許當晚琴音悠揚、氣氛浪漫，佳人後來果然成為我的佳偶。

當時因鋼琴酒吧林立，也使我對「酒吧鋼琴師」這份職業產生嚮往之心。一天，我路過羅斯福路一家鋼琴教室，見門口貼著徵求「流行鋼琴老師」廣告。我思忖，若當不成酒吧鋼琴師，當個「誨人不倦」的鋼琴教師應該也不錯，於是推開大門表達應徵意願。面試人員請我彈一首自選曲，我選了一首法國音樂「秋葉 Autumn leaves」。坐定後，我忐忑不安地不斷運用裝飾音、琶音、三連音等技巧炫耀琴藝，順便掩飾心中的慌亂。期間也企圖營造曲中一葉落時秋已近的意境。經過仿若一世紀漫長的三分多鐘彈奏，面試人員客氣地讚賞我彈得不錯，並請我回家等候音訊。涉世未深的我竟信以為真，結果一等，竟等了二十年。我常開玩笑跟妻子說，想必是郵差寄丟了錄取通知單，毀了我的琴師夢。但如果當年有幸被錄取，我那半調子的琴藝，想必也要「毀」人不倦了！

　　父親當年送的鋼琴已陪伴我走過無數春夏秋冬，如今我享受著每一個彈琴自娛的日子，雖然離當個「酒吧琴師」的夢想越來越遠，但在家中，我永遠是妻子讚賞的優秀鋼琴師！

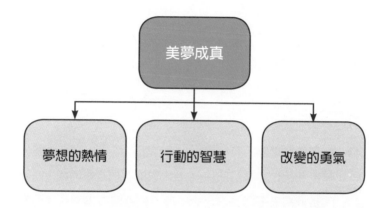

❶ 人不癡情枉少年，狂者進取，狷者有所不為。看自己年輕時的衝勁、傻勁和幹勁，那一段鏗鏘的歲月，讓我重溫舊夢。

❷ 故事述說一個完整事件，好比探險的旅程：

好久好久以前：時序性發展（精準聚焦故事的：起、承、轉、合）

有一天：人物與情境鋪陳（人、事、時、地、物）

然後——情節發展一（延伸因果關係的擴充情境）

然後——情節發展二（延伸因果關係的擴充情境）

然後——情節發展三（延伸因果關係的擴充情境）

最後——傳遞核心價值

故事好比探險的旅程，或問題解決的過程——
山谷山峰的轉折點

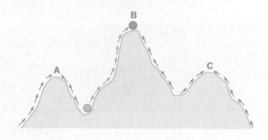

❸ 故事的引爆點，可在第一句話就呈現場景，引人入勝。
試看美國作家海明威的＜老人與海＞的故事開場：

他是個獨自在灣流中一條小船上釣魚的老人，至今已去
了八十四天，一條魚也沒逮住。頭四十天裡，有個男孩
子跟他在一起。可是，過了四十天還沒捉到一條魚，孩
子的父母對他說，老人一定是十足地倒霉到了極點，於
是孩子聽從了他們的吩咐，上了另外一條船，頭一個禮
拜就捕到了三條好魚。

再看美國作家馬克吐溫的《湯姆歷險記》的故事開場：

「湯姆！」沒人應答。「湯姆！」仍無人應答。

「湯姆，出來！」屋子裡仍無人回應。

波莉姨媽拉低眼鏡片，翻著眼睛，朝屋子的上方望了
望，隨後，又把鏡片往上推了推，從鏡片底下張望著。

其實波莉姨媽視力非常好，從來就沒有需要依賴眼鏡
片，去尋找像小孩子那樣小不點兒的東西。

洋子的美麗回憶

聽故事，要聽出別人心裡的歌！聽故事的九字訣：聽的懂、記得住、傳出去。提煉出故事中的經驗，創造「轉變」就能激發行動，實踐美好人生。

• • •

我曾經熱切地尋索一對關懷的眼神，一雙歡迎的臂膀，一顆接納包容的心。我沒有失望，我終於在友誼的橋樑中找到。

日治時期，她有個美麗的日本名字「洋子」。生活貧困卻懂事乖巧的她，為了分擔家計，九歲時就替一位日本國小老師揹孩子。

　　有一次，她揹著孩子偷偷在主人上課的教室窗邊聆聽，學生們的朗朗讀書聲，讓她黯然流下羨慕的淚水。從此，聰慧的她靠著自學識字。

　　少女時期的洋子曾於大稻埕著名的文化餐廳，即當時「臺灣文學」雜誌編輯部所在地的「山水亭」擔任會計。店內川流不息的文人雅士，豐富了洋子的見聞與涵養；又因每天負責播放古典音樂黑膠唱片，即使未學過音樂，也對莫札特、貝多芬、舒伯特等音樂家名字如數家珍；而與同事間的深厚情誼，更溫暖了她貧寂的生活。在那個年代的洋子，雖然接觸的盡是新思潮，但她始終保有純真質樸的性格，過著幸福快樂的每一天。

　　年輕時的洋子婉約秀麗，是許多男士心儀的對象，因此欲牽紅線做媒的不知凡幾，但都被保守且自卑的她一一回絕。其間曾有一位日籍大學生福田，更是她的愛慕者。時常到「山水亭」安靜地喝咖啡、聽音樂，為的是等洋子下班，陪她走一段回家的路，並營造約會出遊的機會。

　　遺憾的是，這段尚未牽過手的含蓄戀情，卻在日本戰敗後被迫終止。福田返國前曾探詢洋子是否願意跟隨回日本，洋子因顧及身份與民族不同，最終婉拒。福田返國前

一天，默默低著頭垂淚在店門外向洋子道別，從此海角天涯永別離。

多年後，這些年輕時的美好或遺憾雖已逝去，所幸上天眷顧洋子，讓她擁有三個貼心兒子，這也是她最大的驕傲與安慰。

近兩年來，對於九十歲高齡且逐漸失智的洋子，許多往事似乎正從記憶庫中點滴流逝。為了幫洋子留住美麗的回憶，第二個兒子阿宏每次探望母親時，總會牽著母親的手，一遍遍引導她述說從前的故事，同悲同喜的配合故事的劇情發展，並流露出彷彿是初次聆聽故事般的專注神情。尤其每當阿宏提及日本愛慕者福田的那一段往事，洋子都羞赧地開懷大笑、樂不可支。

此外，阿宏還發揮巧思，在一張張小卡片上斗大的寫下一個個名詞，諸如：山水亭、洋子、福田、莫札特、貝多芬等等……。如此費心，是為了讓洋子反覆誦唸，以喚起往日的美麗記憶。

而「洋子」正是我的婆婆，「阿宏」則是我那幽默風趣的外子。每次看著外子與婆婆的真情互動，我期盼洋子往日的美麗回憶，能陪著婆婆度過每一天。

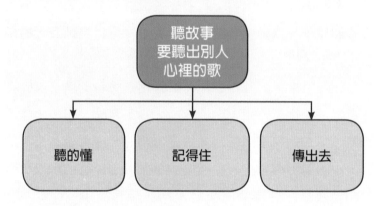

故事漣漪

聽故事
要聽出別人
心裡的歌

聽的懂　　記得住　　傳出去

❶ 這是我的妻子 Ruby 側寫我與媽媽的互動故事。你的故事在別人耳中變成他山之石的故事。聽故事的九字訣：聽的懂、記得住、傳出去 。聽故事，要聽出別人心裡的歌！

❷ 說故事是人類天賦的本能，經由文字、聲調、表情和語言，能創造了一個奇幻的情境。人們習慣於以「聆聽」及「領會」的方式獲得訊息，因此這個時代更需要用說故事的方式來溝通。

❸ 故事活化人們的右腦，讓我們成為高感性、高關懷的人。故事本身就是激勵、導引、告知和說服的最佳工具。《未來在等待的人才》一書作者 Daniel H. Pink 提到

的兩種感知：高感性（High Concept）與高體會（High Touch）定義如下：

高感性：**觀察趨勢和機會，以創造優美、感動人心的作品，編織引人入勝的故事，及結合看似不相干的概念，轉化為新事物的能力。**

高關懷：**體察他人情感，熟悉人與人微妙互動，懂得為自己與他人尋找喜樂，及在繁瑣俗務間發掘意義與目的的能力。**

故事即人生

人生要活對故事，活出美好

故事中經歷千重山、萬重水的轉折，就是「英
雄」打敗「敵人」的冒險過程。
你有多麼認真地面對人生，就可以走出多麼精
彩的故事，
故事，讓我們在生命的轉角處，
不期而遇的一些人，
將熄滅的心靈之火再次點燃。

旅程見真情

故事主題都是根植於永恆的人性衝突和渴望。故事闡釋人際關係：與自己、他人、社會對話的關係。心痛才會心動，心動才會行動。你最不想說的故事，其實最吸引人，這是故事背後的故事。

• • •

我並不完美，但我擁有改變的力量。那是想像力、幽默感與同理心。還有面對挫敗的勇氣與揚帆再起的信心！

期盼已久的西班牙旅行，終於在千呼萬喚中悄然來臨。十二天的旅程對於年過半百的我和老伴而言，也算是一個考驗。畢竟老伴常為骨質疏鬆、膝蓋酸痛所苦，然而似乎只要出外旅行，膝蓋酸痛就不藥而癒，精神抖擻。所以老伴對於此次旅行，洋溢著一臉幸福，眉飛色舞的模樣。

　　經過約十七小時的飛行，加上三小時的轉機，飛機終於抵達首站巴塞隆納。當天遊覽了畢卡索美術館及高第的聖家堂大教堂，晚上吃了米其林一星推薦的晚餐後，疲累盡興的進入飯店。當晚洗澡時，我突然感到肋間神經劇痛，再經細查一看，前胸後背竟出現紅腫水泡狀疑似帶狀泡疹（俗稱蛇皮）的症狀，身體既癢又痛。老伴一看也驚嚇指數破表，手機詢問她的妹夫醫生後，也認定是帶狀泡疹，並建議我們購買某某塗抹藥劑。此刻可想而知，我的旅遊興致全消。

　　第二天咬牙苦撐著疼痛身體，強顏歡笑的半推半就，跟著行程走。團員中的幾位好心大姊、阿姨等，得知我的身體不適後，立刻趨前表示關心。於是普拿疼、香精油、維他命等紛紛出籠貢獻給我，好心幫我消癢止痛，頓時令人感到溫馨。團員中的明枝大姊是一位國中退休的音樂老師，知道我也喜歡彈鋼琴，與我特別投緣，話題源源不斷。幽默風趣的扮演團隊開心果角色，並特別對我的身體

疼痛表達深切關心。

有了這份關心，身體神經雖然依舊疼痛不堪，但卻讓我有了苦中作樂的支撐動力。老伴還戲謔說著：拍了我幾張強顏歡笑的照片，竟然比平常不生病時還要英俊可愛。我才知道此趟旅行最美的風景不是宏偉的教堂、風車與鬥牛競技場，而是這些好朋友們情真意切的友誼關懷，我將延續這份珍貴情誼，並永遠感激在心。

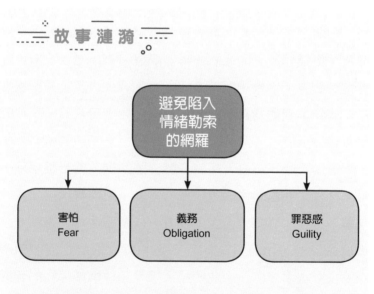

❶ 英國某報紙，貼出一則耐人尋味的謎題：請問從英國倫

敦到義大利羅馬，最短的道路是什麼？許多人運用邏輯思考揣想，更有人拿尺在地圖上測量。結果只有一名幼童答對了：找一個好朋友與你同行

❷ 故事背後的故事：這段旅程在出發前，因為經歷一個特殊事件，讓我情緒受到極大波動，因此抵達西班牙的當天晚上，身體發出劇痛的紅疹—帶狀泡疹。在十二天驚恐沮喪的旅途中，強顏歡笑苦中作樂，竟也寫下這首心情之詩——「蟄伏的鷹」：

一次次鷹揚萬里的恣意遨翔，享受御風沈浮的快感
牠總是縱情耽溺於掠食者的技巧，
但就在那一次俯衝獵物的剎那
被獵人無情的子彈傷得很重，
牠獨自飲泣著舔舐著滲血的翅膀
原以為歷經那次四十歲的蛻變，自己已經成熟長大
更輕易的相信那段脫胎換骨的重生傳說
就是那個將鈍爪、老喙和沈重羽翼，
磨利更新的傳頌神話
這次被獵人傷得很重
此刻牠看著一雙顫抖的利爪，早已不聽使喚
往昔銳利無比的眼神，此刻盡是憂傷
到底是傳頌神話的謬誤，還是自己太輕忽險惡的獵人

那獵人早已準備多時，佈下一個個網羅

這次被獵人傷得很重，但領悟也很深

雖然牠在岩壁洞穴中，蟄伏已久

但在療傷止痛的歷程中，牠一直在等待

等待下一個上升的氣旋

就要再次，展翅上騰，鷹揚萬里

～蟄伏的鷹

二〇一五年十月二十三日寫於西班牙／荷雷姿 Herlez

❸ 最近有本心理書籍《情緒勒索》，探討為什麼你明明知道這樣的關係很辛苦，卻又一直被勒索、卻沒有辦法逃出來？ 情緒勒索包含親子關係、伴侶、上司與部屬、一般人際關係等。負面情緒的那個權威施壓者，讓被害者一直屈服在義務 Obligation (例如，部屬要服從上司、配偶要體諒對方、兒女要孝順父母)，進而產生恐懼害怕（Fear）和罪惡感（Guilty），陷入無端的惡性循環。作者歸結 FOG 好像迷霧把我們一直困住，最後陷入憂鬱。

❹ 心痛才會心動，心動才會行動。心痛時候，恨不能像關羽一般，在「刮骨療傷」時，還能神色自若與諸將邊對弈、邊飲酒痛到心扉無怨尤。而人性可貴之處在於歷經傷害、背叛、嘲諷之後，對世界還存有盼望。朋友可以

扮演開心果、導師、橋樑的角色，你也可以成為他人生命中的貴人，如詩經：「嚶其鳴矣，求其友聲」（從深谷中出來的鳥，飛到高樹上，那嚶嚶的叫聲，是想尋求伙伴的啊！）

❺ 寬恕他人也是釋放自己，療癒受傷的心：於是我開始學習寬恕，《聖經》馬太福音十八章：那時，彼得前來問耶穌：「主啊，如果弟兄對我犯罪，我該饒恕多少次呢？到七次可以嗎？」耶穌對他說：「我告訴你：不是七次，而是七十個七次」。此外，我默誦愛的真諦《聖經歌林多前書十三章 四—八節》：愛是恆久忍耐，又有恩慈；愛是不嫉妒；愛是不自誇不張狂，不做害羞的事，不求自己的益處，不輕易發怒，不計算人家的惡，不喜歡不義只喜歡真理；凡事包容，凡事相信，凡事盼望，凡事忍耐，愛是永不止息。

迷糊在旅途

旅行的見聞，說出地圖背後短暫光陰的故事。旅行的意義：出走，是為了走出。旅途中令人最感動的，是一個人、一句話、或一個動作。

• • •

面對千重山、萬重水的阻隔，我帶著夢想的頭盔；信心的盾牌；行動的長矛，準備打一場美好的仗。

在職場上自詡精明幹練的我，彷彿只要踏出國門，所有的聰明才智立即停擺，換上迷糊的腦袋，以致糗事一籮筐，不及繁載。

某次去日本旅行，出發前我感冒咳嗽未癒，抵達機場辦妥登機手續，手提行李要經過Ｘ光檢查時，才知背包中一罐枇杷膏因超過十毫升而不可攜帶上機。我捨不得直接丟棄，只好萬般無地在眾目睽睽下，把整罐枇杷膏一仰而盡。此時，妻笑著打趣說，這畫面好似電影「人在囧途」的主角牛耿，登機時硬是把不可攜帶上機的一大罐牛奶吞入腹內的情節，只差沒打個飽嗝。

除外，我也是個容易入眠者。某次去德國旅遊，我煞有其事地隨身攜帶筆記本，準備好好記下導遊所講解的人文事蹟與景點趣聞。怎奈只要坐上遊覽車，在導遊口沫橫飛的精彩解說下，我眼皮即漸感沈重，不消十五分鐘，就回以溫柔的鼾聲。醒來後看著筆記本，僅有聊聊幾筆的文字，煞是懊惱。妻子說，我儼然是「上車睡覺，下車尿尿」的最佳詮釋者。

此外，「令人嘆為觀止的路盲」，也是妻子賜給我的雅號。一次在捷克旅行的自由活動時間，我想先回飯店休息，妻子再三說明回飯店的路線與方向，不放心地叮嚀：要先經過著名地標「火藥塔」，再往左轉等等，我也保證獨自回飯店沒問題。兩人分手後，我確認無誤地經過地標

「火藥塔」，開始穿街走巷、往飯店前進。怎料東轉西拐，竟又轉回原地。無助尷尬的我只好向餐廳侍者求救，才終於回到飯店。至此，我又得到一枚「路盲」事蹟勳章。

妻說，我還有一種「走過即忘」、錯把「馮京當馬涼」的景點錯置本領。一次西班牙旅行，遊程玩到第八天，前面六天的行程記憶已經變得模糊；心想教堂、宮殿、城堡怎麼如此相似？以致走過了阿爾罕布拉宮、聖家族教堂、馬德里皇宮等景點，也是「船過水無痕」。回國不多時，如再翻閱旅遊照片，可以把法國香波堡誤認為雪濃梭堡、英國綠公園說成海德堡公園、莎士比亞故居與卡夫卡故居混淆不清；西班牙的哥多華、塞維亞、格拉那達也都似曾相似。妻子又不得不頒發我一座「景點大風吹」勳章。

即使在多次旅行中，迷糊任我行，但對旅行的興趣依舊不減。想想妻子屢屢對我迷糊的寬容，讓我立誓「痛改前非」。此後我開始勤做筆記，有系統性的整理旅遊景點的歷史背景，並深刻觀察當地的地理風貌與人文情懷。近日我又向妻子提議下一個旅遊景點：「紐西蘭」，並保證出發前一定做好功課。這次絕對不會把北島當南島，也不會把南半球當作北半球了！

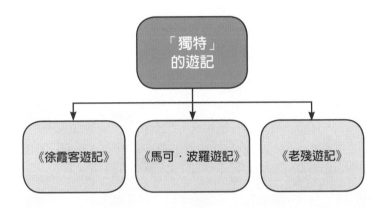

① 將自己旅程的窘境、糗事幽默融合在旅行見聞，賦予旅程「獨特」的意義。故事是一個特殊事件或經歷，經過情感包裝的情境，能讓聽故事的人，採取行動，讓世界變得更美好。

② 有些人愈旅行越孤單，有些人愈旅行越豐富。旅行本身並不能幫你解決任何問題，旅行只會磨練你看待世事的心智。

③ 如果不出去走走，你或許會以為這就是世界。旅行的有趣，有時在於找一個對的人同行，也可以是敞開心扉認識朋友與異國文化。如果再輔以系統性整理旅遊景點的歷史背景，並深刻觀察地理風貌與人文情懷，旅行見聞

應該會很有趣。

❹ 中國明朝著名的旅行家徐霞客，在一生中三十年的實地考察，撰寫而成《徐霞客遊記》，共六十萬字，在地理和對自然界方面做出開創性的貢獻，許多愛好旅行的朋友都把徐霞客看做游聖，他旅行的生涯，但每隔一段時間他都會回到家鄉江陰，跟在家中的親人分享出行的地方的逸聞趣事和一些感受，包括經歷了風餐露宿和各種危險痛苦的生活，但他面對這種痛苦和危險都堅持不懈，最終遊歷了包括江蘇、浙江、安徽、湖南，湖北雲貴川等，共遊歷十六個省。關其中徐霞客的名言：登黃山，天下無山，觀止矣。後人演繹變成了：五嶽歸來不看山，黃山歸來不看岳。

乘著歌聲的翅膀

故事重新撬開心中那把鎖，帶出情深往事的回憶。故事可以把一些難以描寫的價值，栩栩如生地描繪出來，例如：逆轉勝、不服輸、明天會更好等。

● ● ●

人心憂慮，使心消沉；一句良言，使心喜樂。憂傷的靈使骨枯乾，喜樂的心乃是良藥。

日前在整理散落的鋼琴譜時，一段青春歲月的鏗鏘記憶突然浮現腦海——民國七十二年，正是校園民歌傳唱於大街小巷的年代。當時尚在新竹唸書、大學二年級的我，也不落人後地趕上流行，抱著吉他在學校宿舍彈唱起來。一首首民歌，從「瓶中信」、「俏女孩」、「讓我們看雲去」，唱到「歸人沙城」、「木棉道」、「拜訪春天」。每當自彈自唱到忘我時，再配合前額波浪形的頭髮順勢一甩，總感覺能吸引無數清純女孩的目光。多年後才瞭解那種認知叫做「自我感覺良好」。

　　同學們常調侃我一付深情款款模樣，難不成要成為情歌王子？殊不知人不癡情枉少年啊！藉著吉他自彈自唱，乘著歌聲的翅膀，除了能在失意落寞時，抒發情感，唱出胸中塊壘，還能在課業挫敗失去信心時，成為療傷止痛尋找安慰的一種方式。

　　大三時，法國鋼琴王子理查克萊德門彈奏的一系列流行音樂鋼琴曲，為台灣掀起了另一股音樂風潮，而理查克萊德門的舉手投足更讓女孩們為之瘋狂。一位同學只學了三個月的爵士鋼琴，靠著左手和弦與節奏，右手主旋律，竟能優雅地彈奏「科羅拉多之夜」與「梅花」。他的演奏，激發我加入學琴的行列，期待有一天也能像理查克萊德門般散發迷人魅力。學琴三個月後竟也能輕易上手，從經典老歌「月河 Moon River」、「小白花」、「西湖春」、

「秋詩篇篇」，彈到理查克萊德門的「夢中的婚禮」、「給愛德琳的詩」等。雖琴藝不精，也未成為理查第二，但快樂無比，沒想到自己竟能在青年時期，一圓小時候無法學習古典鋼琴的夢想。

然研究所二年級時，驚覺只要話說多了，聲帶就會疼痛。經醫生檢查診斷為「聲帶暨聲門閉鎖不全」，醫生囑咐我要多休息、少講話。這對一個二十四歲愛唱歌的陽光男孩來說，無異是無情致命的打擊。我的亮麗人生正要開始呢！更何況學生時代我還擔任學校的辯論代表隊，我喜歡與人談天說地，論辯真理，難道這一切都要劃下句點？

從此，我變得安靜沈默、鬱鬱寡歡。父親見我鎮日眉頭深鎖，於是決定買一架鋼琴，讓我在獨處時，能藉由音樂排憂解悶、走出情緒低谷。那時家境並不富裕，但父親二話不說，花了九萬五千元，買了一架全新鋼琴。從此，這架鋼琴伴我走過無數春夏秋冬。我彈著不同的鋼琴曲目邊哼唱，或悲涼、或激昂、或歡愉，在每一個傷春悲秋或陽光燦爛的日子裡，情緒也乘著歌聲的翅膀飛揚。

忘不了當年與女朋友 R 感傷分手的那一天。回到家後，我立刻掀開琴蓋，輕輕彈奏著那首印象合唱團的「不在乎的笑臉」，再次乘著歌聲的翅膀，唱給遠方的 R 聽：「也許你我早已註定要分別，我只能擁抱妳的背影在窗前。曾聽說，相愛都會在夏天，分手總是在憂愁的秋天。

是否應該放棄對妳的追求，給妳一個根本不在乎的笑臉，但妳知我的心中根本沒笑容⋯⋯。」

　　時光隨著琴音點滴流逝，那架鋼琴已從青春、壯年到中年，陪伴我至今。而我也在不同的場合彈奏給父母、家人及朋友欣賞。現在，每當打開琴蓋，指尖在琴鍵上跳躍，乘著歌聲的翅膀飛揚時，那一段段記憶就像老電影般在腦海中播放，不論美麗或哀愁⋯⋯。

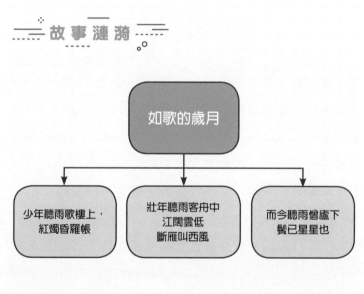

故事漣漪

如歌的歲月

少年聽雨歌樓上，
紅燭昏羅帳

壯年聽雨客舟中
江闊雲低
斷雁叫西風

而今聽雨僧廬下
鬢已星星也

❶ 蔣捷的〈虞美人──聽雨〉描寫不同時期聽雨的心

境：少年聽雨歌樓上，紅燭昏羅帳。壯年聽雨客舟中，江闊雲低斷雁叫西風。而今聽雨僧廬下，鬢已星星也。悲歡離合總無情，一任階前點滴到天明。

❷ 時光雖逝、記憶猶存；輕輕把窗門推開，往事又湧進胸懷。故事中彈鋼琴的這一段記憶，讓我感謝父親的慈愛，在我失意沮喪時，他扮演生命中的貴人。

❸ 電影「超越顛峰」（Soaring to Nu Heights）故事描寫：媞莉（Tilly）原本是一隻展翅翱翔於天際的飛鷹，卻被當成小雞飼養，所有人都認為牠無法飛翔。但主人告訴媞莉：你是老鷹不是雞，妳註定是要高飛的。每個人心中都有一個巨人 你想成為什麼樣的自己？ 其實你早已具備能力，只是還沒有勇氣去突破。處於患難低潮時，我總是會想起聖經歌林多後書四章八節：「我們四面受壓，卻不被困住；出路絕了，卻非絕無出路；遭逼迫，卻不被撇棄；打倒了，卻不至滅亡；」人生中有太多無奈，苦難是偽裝的祝福，面對困境的態度與行動，能將苦難轉為祝福。

❹ 故事說了千遍也不厭倦：武打巨星李小龍曾說：「我不怕一個人會一千種招式，我怕的是他把一種招式練了一千遍。」就像任何一位出色的音樂家、作家或藝術家，他們的卓越成就都不是一步登天，一夕成功的。一位出色的戲劇家，在入行時，至少必須經過「一萬小時

的錘鍊」，期間一定經過艱難險阻、挫折與考驗，才能擁有基本入門的功夫。他必須天天揣摩、時刻觀察、舉手投足都在思考悲喜情緒的詮釋，才能讓戲劇成為他的靈魂、流淌的血脈，凝練自成一家的獨門特色。這一段從入門到功成名就、攀登顛峰的過程，不就是他不經意地走出一篇動人精彩的故事嗎？

天涼好個秋

故事可以盡量鋪陳或點到為止，好似彈琵琶的
「輕攏慢撚抹復挑」手法。春夏秋冬的季節嬗
變，牽引喜怒哀樂的記憶連漪，故事吸引我們看
見不同的境界。

● ● ●

目標是一個有底線的夢想。我願意忍受孤寂與挫
折，抗拒誘惑與不安，面對實際迎面而來的挑戰。

節氣在八月歷經立秋、處暑。今夏原本要去海濱山巔，享受陽光親吻，無奈日日超過攝氏三十六度高溫，趕緊打消日光浴念頭，免得陽光親吻變成灼熱炙燒。整個島嶼像似火球一般的悶燒鍋，我迫不及待的渴望秋天來臨，至少希望白露、秋分能稍解酷暑。

　　尤愛「白露」兩字的浪漫，那種夜涼水氣凝結成露，一顆顆白亮晶瑩的水珠，附在農作物上面。《詩經》蒹葭篇中更是勾畫出一幅窈窕淑女君子好逑的遐想：「蒹葭蒼蒼，白露為霜。所謂伊人，在水一方。」河邊蘆葦青蒼蒼，秋深露水結成霜，思慕愛戀之人，彷彿在水中央可遇而不可求。對於秋天的印象，始於兒時在沁涼如水夜晚，趴在媽媽背上溫暖的酣睡，沈浸在秋的呢喃；而在一輪明月中秋夜時，爸爸更會在小庭院，擺張小桌子，放著月餅、柚子、茶水，好不愜意。雖沒有輕羅小扇撲流螢的趣味，卻有天階夜色涼如水的恬淡。

　　高中時喜讀詩詞，少年不識愁滋味，愛上層樓，為賦新詞強說愁。讀到「秋風秋雨愁煞人，寒宵獨坐心如搗」詩句，了解這是著名巾幗秋瑾女士的憂國憂民、壯志未酬、面對死亡的悲憤心情，那時記載五四運動的書籍如火如荼，自己對於民族意識的情懷也油然生起。

　　進入大學後談了一場「人不癡情枉少年」的初戀，愛情翩然喜悅地在春天降臨，卻又悵然地在秋天悄悄離開。

深秋時節楓又紅，我心恰似落葉飄零，秋去寒冬來，空留殘夢獨自咀嚼。至此心境感受如秋風夜雨的淒涼、秋風掃落葉的肅殺，秋天竟是這般可遠觀，不可褻玩焉。

進入職場後，某次出差去蘇州的寒山寺一遊，體會詩人張繼寫下「楓橋夜泊」時，是如何與孤寂悲涼獨處：月落烏啼霜滿天，江楓漁火對愁眠。我也學著在深秋望月抒懷：露從今夜白，月是故鄉明；海上生明月，天涯共此時。

而今年過半百，鬢已星星，更喜愛南宋辛棄疾的詞：「而今識盡愁滋味，欲說還休；欲說還休，卻道天涼好個秋。」詩人訴說千帆過盡的心境，我雖未能：「世事洞明皆學問，人情練達即文章」。但「春有百花秋有月，夏有涼風冬有雪；若無閒事掛心頭，便是人間好時節」，趁此天涼好個秋的時節，寫下活出美好的秋詩篇篇！

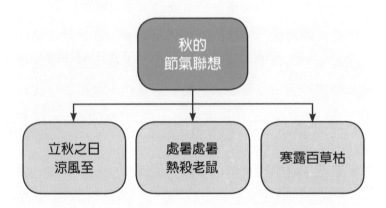

秋的
節氣聯想

立秋之日
涼風至

處暑處暑
熱殺老鼠

寒露百草枯

❶ 抬頭觀看自然、仰望星空吧！觸景生情是故事的最好靈
感起源。尤其配合春夏秋冬二十四節氣，更能體會大自
然遞嬗過程的點點滴滴。

❷ 孤寂悲涼的獨處，聆聽內心的呼喚，沒有音樂更好。
老子曰：「五色令人目盲；五音令人耳聾；五味令人口
爽。馳騁畋獵，令人心發狂；難得之貨，令人行妨。」
過分追求視覺的享受，最後反而眼花撩亂，無法分辨色
彩之美；過分追逐音樂的享受，最後反而聽覺麻木，無
法辨別音樂之美；過分追尋味道的享用，最後反而味覺
疲乏，食不知味。過分的縱情於騎馬打獵，會心神不
寧，魂不守舍；過分追求奇珍異物、金銀寶物，會行為

偏差，行傷德壞，身敗名裂。

❸ 老子知道人性的弱點，過分縱情聲光娛樂享受、過分追求錦衣玉食，都將帶來損傷。作家楊照說：喜愛故事是天生的，然而生活的規律反覆磨損了我們對於故事的敏感，同時也就弱化了說故事的本事，如果重新培養了說故事的能力，那就能夠在故事貧乏的時代，刺激創意並創造價值。

吟風頌月，度中秋！

節日慶典的故事，總是編織動人的傳說，在風俗逸聞中不斷傳揚。故事的抑揚頓挫旋律在山谷與山峰之間迴盪。

· · ·

愛的相反不是仇恨而是冷漠。我要發揮同理心和幽默感，讓冷漠的冰山世界融冰。

第一次對月亮產生好感的情愫，是童年一個秋涼如水的月夜裡。媽媽揹著我在庭院中散步，悠閒地抬頭看著天頂的月娘。我舒服趴在媽媽的背上，撒嬌地擺動小小身軀，竟不知不覺地在媽媽背上沈沈睡著了。天頂的月娘彷彿也和媽媽一樣，用它柔和的月光，一起呵護我微微鼾聲，讓我進入香甜的夢鄉，不忍打擾。

　　再長大一些，開始接觸童話故事：后羿射日、嫦娥奔月的淒美愛情，廣寒宮中的月兔搗藥、吳剛伐桂樹，都深深沈浸在月亮的種種美麗傳說中。

　　進入小學後，在課本中有一次讀到吃月餅的由來：「相傳明朝時，中原人不甘受蒙古人奴役統治，有志之士皆想要起義抗元，於是劉伯溫心生一計，利用餅內餡夾者紙條，寫著：「八月十五夜起義」，於是民眾紛紛響應藉由吃月餅廣邀起義。」

　　而在這個年紀，每逢中秋節吃月餅的時候，同學們之間還會蒐集許多貼在月餅上五顏六色的包裝紙，寫著：豆沙蓮蓉、五香火腿、椰子蛋黃等，彼此拿出來玩猜拳輸贏遊戲。

　　進入國中後，揮別無憂無慮的童年，迎接升學的壓力，對月亮的浪漫情懷已然驟減。但當讀到課本中詩仙李白的「舉頭望明月，低頭思故鄉」。杜甫的「星垂平野闊，月湧大江流」後，方又重拾對月亮的美麗遐想。詩人

面對人生的悲歡離合，將思鄉情懷與對國家民族的眷戀，都寄情在一輪高掛的明月。

高中時候選組時勉強選了理科，放棄最愛的文學，心中悵然失意。但總不忘在每個沁涼如水的月夜裡，學著詩人抒發情懷，吟頌著「今人不見古時月，今月曾經照古人」（李白・把酒問月）；「舉杯邀明月，對影成三人」（李白・月下獨酌）。

進入大學後的一九八零年代，那時民族主義思潮澎湃興起，衝擊國粹與舊文學。看了五四運動的書籍，開始認識了「德先生與賽先生」（民主與科學）。我彷彿在歷史的長溝流月來去無聲中，傾訴胸中塊壘，默默地見證時代巨輪的轉變。

也曾遙想當時年少輕狂，在美麗的清華校園成功湖畔，與同學彈著吉他，放聲高歌，恣意揮灑青春歲月。暢詠幾句李白--春夜宴桃李園序：「開瓊筵以坐花，飛羽觴而醉月」；以及蘇軾・水調歌頭：「明月幾時有？把酒問青天。」

直至情竇初開，苦嚐失戀痛楚後，強說愁的喟嘆：「無言獨上西樓，月如鉤，寂寞梧桐深院鎖清秋」（李煜・相見歡）；「春花秋月何時了，往事知多少？」（李煜・虞美人）。領悟到把濃濃的悲傷情愁留給自己。

時光如飛梭而逝，進入職場後，每逢出差遠赴異鄉

時，想想古人可以：隙中窺月、庭中望月、或台上玩月，品味不同心境，我也學著望月抒懷：露從今夜白，月是故鄉明（杜甫‧月夜憶舍弟）；共看明月應垂淚，一夜鄉心五處同（白居易）。江畔何人初見月？江月何年初照人（張若虛‧春江花月夜）；海上生明月，天涯共此時」（張九齡‧望月懷想）。二〇〇六年去蘇州的寒山寺一遊，更體會詩人如何與孤寂悲涼獨處：「月落烏啼霜滿天，江楓漁火對愁眠」（張繼‧楓橋夜泊）。

今夜是何夕，今夕是何年？對月亮的依戀至今總是：我見月亮多嫵媚，料月亮見我亦如是。如今媽媽已經年逾九十，但在每一個臨近中秋的時節裡，我依然懷念小時候那一個秋涼如水的月夜裡，趴在媽媽的背上的溫馨情景。

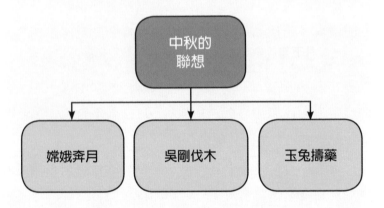

❶ 節日慶典故事，總是編織動人傳說，在風俗逸聞中不斷傳揚。如：華人最盛大節日農曆春節（年的故事）、牛郎織女七夕情人節的濃情密意、中秋節的月圓人團、感恩節的心存感恩互助、奔牛的節瘋狂跳躍與閃躲、德國啤酒節的開懷暢飲，以及最受孩童歡迎的溫馨快樂聖誕節等。

❷ 故事中以詩詞歌賦描繪情境，或尋章摘句呈現，增添幾許浪漫情懷，更顯意境深遠。古希臘詩人西蒙尼德斯曾說：「詩歌是會說話的圖畫。」優美古典詩詞，在傳播的過程中會產生意境高遠的影響，古典詩詞中更隱含了許多故事的背景，讀之、誦之，便令人飽覽秋月春風、

邊塞風情、遊俠豪客、興衰世家，憑弔繁華與蒼涼。

❸ 近年來兩岸領導人交流互訪平凡，碰面時彼此引經據典，尋章摘句，更能增進情誼，平添佳話。二〇一三年三月下旬，中國國家主席習近平出訪俄羅斯時也引經據典，以言簡意賅的詩詞「長風破浪會有時，直挂雲帆濟滄海」，為外交活動增添文化色彩。意思是：總有一天，我會乘著長風破萬里巨浪，以展自己的志向；高掛雲帆，直渡茫茫大海，達到理想的彼岸。

彩繪天地，人生樂無窮

故事就是「英雄」打敗「敵人」的冒險過程，其中經歷千重山、萬重水的轉折。故事中的英雄與敵人：克服障礙的救世主 v.s 人性軟弱的表徵。

● ● ●

世上只有兩種人：一種是活著；另一種是懷抱勇氣、勇敢活著。「勇氣」是面對恐懼、克服懷疑的行動能力。

妻子去年剛從廣播電台播音主持節目工作退休下來，原本想持續藉著甜美嗓音，接一些配音的工作賺一些外快，怎知聲帶出現「岔出」的沙啞不舒服現象，讓她沮喪好一陣子。畢竟對於一個熱愛廣播工作，且在崗位上打拼三十餘年的工作者而言，這股熱情不曾止息過，更何況她還得過三次廣播金鐘獎。

　　然而就在上帝關閉一扇窗時，卻同時打開了另一扇門。因為妻子從小就喜歡美術繪畫，雖然未曾正式拜師學藝，但是素描、水彩還是畫的有模有樣。尤其在我們戀愛時期，她曾經用素描臨摹我的一張照片，畫的維妙維肖，至今我仍愛不釋手，保存珍藏。所以當她報名上了社區大學的水彩繪畫班時，臉上洋溢著幸福愉悅的笑容。尤其每週三晚上看著老伴出門上課時，神情彷彿比中了樂透還滿足，我也替她感到高興。

　　剛開始上課時，妻子興致盎然地從準備畫具、顏料、紙筆，忙得不亦樂乎，好像小學生準備開學一般。在這持續兩年的水彩繪畫班課程中，從靜物、人物到風景，都仔細觀看並記錄下老師的示範，慢慢奠立學習根基。尤其當妻子在家裡的書桌上繪畫時，看她好整以暇地鋪紙、裝水、擠出顏料、色盤調色，以及運筆的專注神情，還頗有大師的風範。當然這旁邊還有一個重要推手：就是嘴甜似蜜的我，不吝於讚美肯定，以及隨侍在旁，扮演舉案齊眉

的協助角色。每次當完成作品時，妻子流露的喜悅神色，都證明了她在彩繪天地中找到了樂無窮的人生。

有一回，她隨手拍了一張台南居家附近公園的阿伯勒樹的情景，依著照片風景很快地就畫出一幅令我讚嘆不已的畫作。爾後不論是山林野趣、奔流瀑布、碧潭渡船、激水亂石、雲煙裊裊、寂靜茅屋、美麗花海、林間小徑、鴛鴦戲水、瓶中花卉、水果靜物、蒼茫雪地、江南水鄉、野地貓熊等作品都一一產出，成了賞心悅目的裝飾品，我還打趣地說要替她舉辦個人畫展呢！

在妻子學畫的過程中，我也潛移默化被她影響，開始喜歡欣賞美術作品，並試圖瞭解畫家背後的動機或軼聞趣事等。誠如雕塑家羅丹說，這世界不缺乏美，缺乏的是發現。我相信美麗的彩繪畫作是出自於細膩的觀察，而細膩的觀察是在於擁有一顆「真、善、美」的心靈，衷心期盼妻子能夠一直畫下去，在彩繪天地中不斷地找到樂無窮的人生。

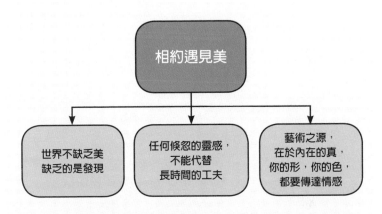

❶ 美國好萊塢的著名編劇與導演，馬士威與狄克曼，在
　＜好故事無往不利＞書中提到全世界每個人都在賣東
　西：產品、服務、理念、品牌、改變人們的想法、引爆
　新的觀念等，而説故事就能為你的理念訴求加上更動人
　的包裝。作者提出「好故事五項元素」：激情、英雄、
　敵人、覺醒和轉變。用英雄串連故事，用故事打造信
　任。英雄永遠不缺讓人驚奇的能力，英雄要贏得聽眾的
　信任，敵人幫助故事的流動與彈性。敵人與英雄的互
　動，才能釋放故事蘊含的情感。

| 說故事的基本元素 |

轉變 → 激情 → 英雄 → 敵人 → 覺醒 → 轉變

Richard Maxwell & Robert Dickman —— The elements of Persuasion

❷ 故事隱含「英雄」打敗「敵人」的探險過程,在本文解讀可能:英雄是妻子鍥而不捨的虛心受教學習;敵人是挑戰不同畫作的主題。故事如能創造快樂與喜悅,尤其是面臨困境的達觀與怡然自得,如此產生境由心轉的「轉變」,就能激發行動,實踐美好的人生。

❸ 聽故事者就像「瞎子摸象」,人人對於故事裡英雄與敵人角色的解讀,可以不同。這就是故事發揮的玄妙之處:一個故事、多樣情懷、千般解讀。作家王爾德說:「這世界上,好看的臉蛋太多,有趣的靈魂太少」。如果你碰到了一個有趣的靈魂,或許就是他的故事讓你著迷。故事取代了命令、說教、獨白的溝通方式,讓靈魂變有趣。

樂以忘憂，不知老之將至！

故事凸顯生命中共同的話題，具備強大的穿透力，可以跨越時間空間的限制。縱使故事有著軟弱、黑暗、空虛、夢幻、愁苦，也能找到剛強、明亮、踏實、知足、平安的出口。

● ● ●

當我開始放慢腳步，懂得觀察自然與欣賞他人時，我發現：天空的蔚藍、海洋的碧綠、蝴蝶的快樂、螞蟻的忙碌。

某次我搭乘捷運，那天鬍子未刮，戴著運動帽，神情疲倦，活似天涯憔悴淪落人。車上一位年輕學生看到我，立即起身招呼我。起初我不知他的動機，不以為意，稍後才猛然一驚，恍然大悟：原來他是要「敬老尊賢」，起身讓座給我。

　　我心裡哀嘆！天啊！曾幾何時，我還是朋友眼中誇讚的青春少年兄，怎麼轉眼變成垂垂老矣的阿伯呢？算算自己的年紀，已過了知天命，接近耳順之年，也算有資格稍微坐一下「博愛座」。無怪乎這幾年朋友們聚會時，話題已從年少清狂的青春浪漫，轉為養生、健康、運動、養老、長照議題及退休後生活等。

　　猶記三十而立那年，某天在辦公室協助同事搬運物品時，突然感覺氣喘吁吁，力不從心。這時旁邊一位二十八歲的年輕同事，帶著戲謔的口吻對我說：「你老了喔！」。我才猛然驚覺原來「老」是相對的比較，在二十八歲的年輕同事的面前，三十二歲的我，的確比他們老。

　　俗云「年過半百，猶日過午」。自己明顯進入初老症狀：這裡痛那裡疼的日子越來越多、越近的事情越容易忘記、參加告別式的機率比婚禮多等。但我告訴自己：縱然肉體漸漸衰殘，歲月刻畫衰老痕跡：臉上皺紋、眼袋加深，蒼蒼白髮不安分地陸續冒出來了，職場影響力也從舞

台中心漸次減弱，但暗自期許要走出心靈陰霾，活出生命色彩，學習做一個快樂與勇敢的銀髮族！

多年前，看到五個平均八十一歲的患病長者，勇敢逐夢，展開為期十三天、一千一百三十九公里的環島機車之旅，不老騎士的故事傳遞著「熱血追夢、今天開始」的訊息。

古有孔子能發憤忘食，樂以忘憂，不知老之將至。今天我們面對年華老去，也可以選擇「攬鏡自省」後的重新出發，而非「顧影自憐」。

法國文豪雨果說：「比海洋寬闊的是天空，比天空寬闊的是人心」。重新看待「老之將至」的正面積極態度，可表現在：樂觀開朗的個性，相信兒孫自有兒孫福；或投身於公益志工，在付出貢獻中尋得滿滿快樂，或與三五老友泡茶聊天，寫寫書法，種種蘭花盆栽；或學會平板電腦，不斷學習新知，自得其樂。

「枯木逢春猶再發，人無兩度再少年」，萬物都有生老病死，在榮枯更迭之間，無論欣欣向榮與凋零萎縮，就像季節都有春夏秋冬的循環，死的哀榮，才能帶來生之契機。相信抱持著「人老心不老」的正面心態，珍惜活在當下，才能讓銀髮人生更有意義。

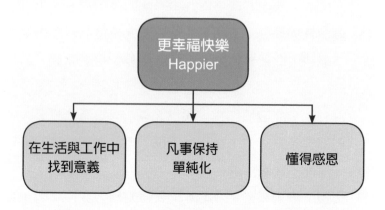

❶ 故事隱含「老當益壯」與「更幸福快樂」兩個議題。首先談老當益壯：唐朝詩人王勃的《滕王閣序》：老當益壯，寧移白首之心；窮且益堅，不墜青雲之志。意思是：年紀老邁，愈要情懷豪壯，豈能因為白髮而改變人的心願？境遇艱難，愈要堅毅奮鬥，決不喪失直上青雲的壯志。東漢老當益壯的的伏波將軍馬援的壯言是：「男兒要當死於邊野，以馬革裹屍還葬耳！」六十二歲的馬援還主動請戰，豪氣干雲，足令後輩嘆服。

❷ 哈佛大學最受歡迎的「正向心理學」課程，導師塔爾．班夏哈，提出「更幸福快樂」。快樂的秘訣在於：(1)在生活與工作中找到意義，(2)凡事保持單純化，(3)懂得

感恩。

班夏哈引導人們學會如何「更幸福快樂」的方法：

・學會成功前，先學會失敗。

・慢慢減少該做的事，多換一點時間做想做的事。

・善用眼前的快樂資源，讓快樂良性循環。

❸ 好久不曾在觀看戲劇時飆淚感動，直到九月觀賞音樂劇「我的媽媽是Eny」，讓我又哭又笑，淚眼婆娑。劇情講述由羅美玲飾演，來自印尼的家庭看護Eny，來到小杰家中幫忙看護失智的爺爺，偶而也得兼著照顧因父母繁忙而無人陪伴的小杰。這個雙薪家庭，媽媽麗雯忙於公司和家庭兩端，難以照顧國小三年級的兒子小杰。但Eny也時常思念著自己在印尼的孩子與家人......。

❹ 讓人會哭會笑，行銷就會奏效。同樣探討老人的問題，二〇一〇年大眾銀行改編「不老騎士」笑淚交織的故事，紀錄五個平均八十一歲的患病長者，勇敢逐夢的環島機車之旅，影片傳遞「不平凡的平凡大眾」、「熱血追夢、今天開始」的訊息。令人感動的是，這股長輩們追逐夢想的活動依然繼續在發酵，弘道基金會二〇一七年再度帶著長輩們挑戰摩托車環島，向不老夢想致意。二十六位平均七十五歲的長輩，十一月初，上午再從台中市政府出發，一路往南逆時針環島，挑戰一千兩百五十公里的環島長征壯舉。

❺ 此外年老時心態上，也需警惕。孔子曰：「君子有三戒：少之時，血氣未定，戒之在色；及其壯也，血氣方剛，戒之在鬥；及其老也，血氣既衰，戒之在得。」得，貪得也。到老年時，血氣已經衰退，應該警戒，不要貪得無厭。

不一樣的反省之旅

說故事要熱血，感動自己才能說服他人。點燃激
情，讓他人知道為什麼要講這故事。心痛才會心
動，心動才會行動。

•　　•　　•

即使我沒有聰明的智慧，也沒有美麗俊俏的容顏，
但是只有你懂得欣賞讚美我。謝謝你！

那年去了一趟心儀已久的德國，看到羅曼蒂克的童話大道、傳奇故事的華麗新天鵝堡，以及蓊鬱濃密的黑森林，我不斷地咔嚓、咔嚓按下相機快門，捕捉美景，在在難掩興奮之情。

　　直到一天早上，導遊神秘的告知今天的特別行程，將帶我們參觀一處距離慕尼黑十六公里遠的景點：達豪集中營（Dachau）博物館。至此，我們的情緒開始轉為莊嚴肅穆。

　　原來這個惡名昭彰的達豪集中營，是納粹德國希特勒於一九三三年建立的，曾先後關押過二十一萬反納粹的政治犯、猶太人及身心障礙者，最後造成三萬多人死亡，直到一九四五年才被美軍佔領。

　　到了入口處，看見當年漆黑的鐵鑄大門上，一塊寫著「勞動讓你自由」的標語，彷彿揭示著未來將有美好的願景。我們走進寬敞的營區內，映入眼簾的是開闊的廣場、低矮比鄰的營房及高大的樹木。導遊告訴我們，當時圍繞集中營的是武裝守衛監視的高塔、深溝及鐵絲網；營房內還有當年的毒氣室、等待間及焚化爐。

　　進入參觀集中營博物館的文物展示中心，看到許多殘酷不仁的展示與照片，諸如：原本只能容納二〇〇人的宿舍，當年卻塞進了將近一千六百人，一張床要擠上兩、三人；許多囚徒在極度飢餓下骨瘦如柴，體重剩不到三十五

公斤；還有許多猶太人被押入毒氣室臨死前，被強摘下的眼鏡、戒指、牙齒、手錶等隨身物品，令人觸目心驚。可想而知，當時這些囚犯在肉體與心靈上是遭受何等的摧殘！

當我步出達豪集中營時，心情雖沈重卻無比踏實。我心裡想著，當年這許許多多被騙入集中營的男女老幼，每一個人雖然有不同的名字、面孔、希望與夢想，然而在美麗謊言揭穿後，他們進入毒氣室，甚或臨死前的痛苦掙扎與恐懼，相信都是一樣的。

這段悲慘歷史距今八十餘年，應該永遠不會從人們的記憶中刪除，但健忘的世人，卻是一再地挑起戰爭、仇恨與殺戮，讓歷史的悲劇一再重演，似乎人們從歷史上所得到的最大教訓就是：「人們從歷史上永遠不會學到任何的教訓」。而這趟德國之旅，也將成為我對於人類歷史重蹈覆轍的一個深刻反省。

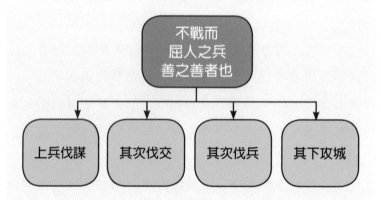

❶ 人類戰爭何時方休？《聖經》創世紀中記載：撒但（蛇）在伊甸園就和神相爭，誘惑夏娃。爾後在人類歷史長河中，戰爭始終蔓延不斷。據統計，出現文明以來的五千多年中，人類先後發生了一萬五千多次戰爭，幾十億人在戰爭中喪生，只有少許年間是生活在和平環境中。古希臘哲學家柏拉圖諷刺的說：「惟有死者，方可看到戰爭結束」。

❷ 二○一七年，世界充滿了戰爭、死亡、謊言與不公不義。《聖經》新約‧啟示錄中描述人類歷史發展中，有四匹馬在奔跑：（紅馬）是戰爭；（黑馬）是饑荒；（灰馬）是死亡。（白馬）是福音。從第一世紀開始，

經過了二十個世紀，福音不斷廣傳，同時戰爭也不斷在人世間進行。戰爭總是造成饑荒，饑荒便帶來死亡。深願人類能記取戰爭的血淚教訓，勿重蹈覆轍。

❸ 防患於未然，避免戰爭永遠是戰爭的最高指導原則。三國·諸葛亮有言：「兵之道，攻心為上，攻城為下；心戰為上，兵戰為下。」春秋·孫武說：「是故百戰百勝，非善之善者也；不戰而屈人之兵，善之善者也」。無論戰爭高舉何種名目的正義大旗，其所產生的毀滅性、殘酷性與持久性，不僅黎民百姓生靈塗炭，戰後造成的心靈創傷更是久久難以癒合。

飄雪的春天，飄來愛！

在生命的轉角處，我們或曾不期而遇的一些人，將自己熄滅的心靈之火再次點燃。面對死的哀榮，開啟生之契機，故事讓人由困難中取得經驗，由痛苦中瞭解人生，為生命找到高貴的出口。

• • •

我問自己：當年華老去時，我何以為伴？我終於找到了答案：是回憶！是故事！是回憶中一個一個浮現的故事。人生即故事，故事即人生。

享壽九十六歲的作家羅蘭離世了。媒體的報導，喚起我高中時期那段與羅蘭結緣的記憶。

　　那時我就讀人人稱羨的頂尖學府，但明星學校的光環並未讓我快樂，因家庭氣氛不睦，讓我鎮日惶惶不安；升高二選組時，我屈從世俗的眼光，放棄對文學的熱愛，選擇理工組；又因一段初萌的戀情也嘎然終止。面對烽火煙硝的家庭氣氛、成績不盡如人意的課業壓力與被扼殺的愛情渴望，十七歲的我嘗盡了苦澀的滋味。

　　直到有一天，我在書店看到《羅蘭小語》，書中的一段話：「能克服困難、超越痛苦，由困難中取得經驗，由痛苦中瞭解人生，這都是生活上的成功」，我在心中默默誦讀再三，並立即買下這本書收藏。但即使每天捧讀書中的珠機語錄，仍無法消除心中的悲苦愁煩，因此突然心生一念：提筆寫信給羅蘭女士。

　　於是我化名為「俞鵬飛」（嚮往展翅高飛），利用學校的班級信箱做為地址，寫了一封傾訴憂悶的信，寄給心目中慈祥的羅蘭阿姨。

　　日子一天天過去，我也忘了此事。直到有一天，竟然在學校班級信箱收到滿滿三大張的羅蘭親筆回信。其中一段話：「始終有人能對人生有樂觀和讚美的心情，因為他們知道人生有苦和樂兩面，由苦中提煉出來的快樂，才是勝利的凱歌」。當時的興奮之情簡直無法言喻，感覺這世

上終於有一個人願意給我溫暖的回應，這是多麼珍貴的情意。自此，那封信成了我奮力向前的鼓勵。

時光悠悠，三十年後我已步入中年，有一天突然在報上看到一則報導，得知羅蘭女士八十餘歲仍筆耕不輟，並常到中央圖書館六樓靜靜閱讀及搜尋舊報的訊息。我興奮地透過出版社表達想去看望羅蘭女士的願望，無奈出版社或許基於安全顧慮沒有回音。又過了七年，日前在媒體上看到羅蘭女士過世的消息，讓人不勝唏噓。

在人生道路上，總有些時候心中的熊熊烈火會突然熄滅，然或許在生命的某個轉角處，不期而遇的一個人，卻能將熄滅的心靈之火再次點燃，誠如羅蘭女士之於我。對於羅蘭女士，我將永遠懷念感激。

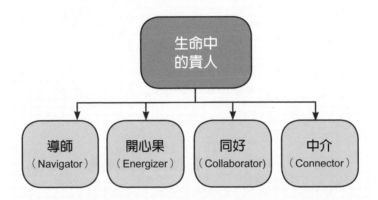

① 寂寞的世人，總想找一個能夠傾心吐意的傾聽者。如果還能得到安慰，更是喜出望外。羅蘭女士，譜寫了九十六載的人生交響曲，生命的樂章會休止，但涓刻在心版的聲聲音韻不會磨滅。我不會忘記自己曾不經意地走出了這樣一個故事：在青少年的徬徨歲月，寫了那封強說愁的訴苦信，當收到羅蘭女士滿滿三大張的親筆回信時，那猶如及時雨的鼓勵，讓我內心充滿感激。《羅蘭小語》帶我走入她的文字世界，鼓舞了信心，也激昂了意志。

② 羅蘭女士從民國四十八年進入警廣，製作主持「安全島」節目，長達三十二年的時間。她以柔和的嗓音，

訴說點點滴滴的生活滋味，再配上撫慰人心的悠揚音樂，陪伴了無數年輕人。如今我也因緣踏入廣播界，主持「今夜，我們來說故事」廣播節目，傳揚故事的真善美，豈不相映成趣？

羅蘭女士在「安全島」節目中，經過智慧淬煉的廣播文稿，整理成「羅蘭小語」出版，造成廣大迴響力。摘錄幾句《羅蘭小語》：

「為了使人生不至真的幻滅而成為冷寂的虛空，我們一定要有一種故意不去看破的執迷；這就是認真……」

「不要對人類失望，我們生就這個樣子。有優點，也有缺點。有可愛的地方，也有令人失望的地方，能承認這些，我們才可以用寬容的態度來對待人生。對人生太苛求是不會快樂的！」

魅力領導

先說故事，再講道理

相較於傳統說服：命令、說教、獨白、辯論方式，故事領導是激勵、影響與說服的最佳工具！領導要靠說服，而不是靠頭銜。善用三種故事源激勵團隊：

1. 挫敗逆轉的故事，要有勇氣承認

2. 他山之石的故事，足以典範學習

3. 優秀員工的故事，激勵團隊士氣

故事可以活化願景、凝聚共識，在潛移默化中惕勵與教化人心，達到領導者設定的目標。

共存共容的團隊信任

團隊建立故事能夠：建立信賴、掌握衝突、做出承諾、負起責任、重視成果。透過故事，凝聚共識，翻轉團隊領導五大障礙的迷思，讓「團隊合作」不再只是想像的名詞。

● ● ●

面對紛至沓來的資訊狂潮，要重新得力就在於擁有平靜安穩的心，才能如鷹展翅上騰。

大學剛畢業的筱婷，認真投遞了數十封履歷，最終選擇進入薪資福利相對優渥的某大科技公司，擔任北美事業部門業務助理一職，羨煞同期畢業的同班同學。初入職場的筱婷，對於一切人事物都感到新奇，興沖沖期許自己一定要全力以赴。但一想到當初面試自己的女主管李經理，就不禁打起寒顫。

精明幹練、之前是一名超級業務的李經理剛升任主管職帶人，因此在面試時強調自己的領導風格是「只說一遍」，沒有耐心教第二遍，她希望部屬能自立自強，快速領會，因為公司強調「競爭力」。筱婷心想，以後只能自求多福，在磨練中成長了！

同部門還有一位新進業務威廉。一表人才的威廉頂著國外學歷與兩年的工作經歷，自是多了一份自信與活力。

三人一組的團隊，由李經理帶領，主攻北美新市場，扛下開疆闢土的業績重任。

第一週的磨合期，已將筱婷壓的喘不過氣來。筱婷發現原來整個部門約有三十人，但其他小組的同仁出乎意料的冷漠。好幾次自己表示友善主動與她們打招呼，對方都視而不見，不理不睬，彷彿自己是隱形人。部門內的其他同仁對這個新成立的小組團隊，似乎也抱著看好戲的心態，表現出不想多管閒事的冷漠態度。

面對每天征戰般的壓力——不停地了解產品規格、報

價程序、線上課程學習，文學院畢業的筱婷倍感陌生，並已出現些微憂鬱、口角發炎、失眠等情緒困擾。她心想，到底是自己挫折容忍度太低？還是團隊氣氛冷漠、無法讓人感到信任？但筱婷依舊告訴自己要堅強挺立，繼續摸著石頭過河。

一天，筱婷被李經理賦予聯絡進出口部門關於出貨事宜的任務，偏遇上對方官腔官調拖延，筱婷無奈稟報李經理自己所遇到的難處，李經理立即拿起電話打給對方部門，一陣據理力爭的言詞數落，好不容易才搬走擋在路上的石頭。筱婷心想，組織的溝通難道這麼艱辛嗎？透過耳語的流傳與風向的觀察，筱婷慢慢了解了各部門有所謂的本位主義、山頭地盤、老闆愛將等訊息。看來自己還要懂得察言觀色、保護自己，否則進入叢林的小白兔，可能會被生吞活剝。

另一位團隊夥伴威廉，剛開始還每天活力洋溢，經過一週後，發現部門充斥「自掃門前雪，勿管他人瓦上霜」的嚴肅冷峻氣氛，連基本的個人電腦配備申請，也都歷經一番折騰，自己還要摸索設定程序；即使求助資訊部門，也是「叫天天不應，叫地地不靈」的消極回應，威廉也不免心灰意冷、抱怨連連，心想縱使公司網站標舉著「身心兼顧，幸福滿分」，薪資福利相對優渥，卻仍無法解決自己面臨的燃眉之急；尚屬新人的自己，身處這跨部門溝通

充滿本位主義的官僚氣息裡，人際溝通到底要如何突破才好？此刻，威廉突然想起李經理交代自己的工作：準備下週一要給美國客戶做產品簡報，心裡又開始忐忑不安了！

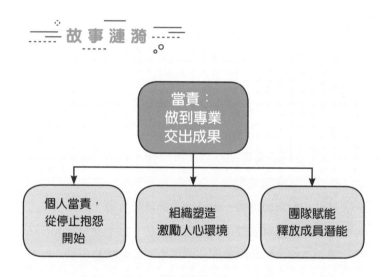

這是屢見不鮮的職場故事，案例可有諸多省思，突破困境：

❶ 個人當責，從停止抱怨，反求諸己開始。

工作是自己選擇的，沒有人強迫你去上班。主管及公司文化不可能盡如人意，如果公司文化講求「不可被模仿的競爭力」，那麼你自己該想想有多少「不可被取代的

實力」。影響力的本質在於實力展現。在這個「人人頭上一方天，個個爭當一把手」的年代，講究的是實力原則。實力可分為硬實力與巧實力，硬實力如：本質學能、學習能力等；巧實力如：人際溝通、問題解決、壓力抒解與情緒管理等。因此思考困境永遠有兩種層面：自己能掌控的部分，以及暫時無法掌控的部分。不論是新進人員、新手上路、新手主管，都要學習個人當責：停止抱怨，先從反求諸己做起，你也可能成為改變組織文化風氣的推手。

❷ 組織激勵，塑造激勵人心的環境—避免「跳蚤變爬蚤」。

「有一隻跳蚤寄居在一個新環境裡，那是一個小男孩的房間，那裡潮濕而溫暖，所以牠很興奮，跳來跳去地唱著歌。因為周遭的一切對牠而言新鮮有趣。

後來小男孩無意間孩發現這隻跳蚤，就立刻用一個杯子罩住了牠，把牠關閉在杯中，限制牠的活動範圍。跳蚤心急如焚，嘗試要跳躍突圍脫困，無奈一跳撞頂、再跳撞頂、三跳撞昏了。如此嘗試了兩三次，都無法突圍，於是牠心灰意冷疲倦了，不再跳躍也不再唱歌。七天以後，小男孩將杯子掀開，看到這隻跳蚤不再嘗試跳躍，卻只在杯口的範圍內爬來爬去，因為牠竟然變成了一隻不跳只爬的——爬蚤。」

這個「跳蚤變爬蚤」的故事隱喻，好比團隊成員剛接觸一個新環境、接受一個新的任務或挑戰一個新目標時，不就像跳蚤嗎？非常興奮，躍躍欲試，即使自己能力可能很薄弱，但投入度很高。但發覺現實的狀況遠比想像中困難時，投入度降低，能力也無法展現，就變成爬蚤了。

所以，身為領導者，要能塑造激勵人心、敬業樂群的環境，協助部屬全心投入並發揮能力，就像挪開那個杯子，讓跳蚤能夠跳躍、歌唱。激勵人心的環境，彷彿是海角一樂園，是讓每個人可以自然感受認知到的。

❸ 團隊賦能，釋放成員的潛能──讓他們成為生龍活虎的美洲豹。

「有一隻美洲豹，奔跑快如閃電，能捕捉世界上任何的獵物。在一次誤觸獵人陷阱中，被活活逮到。獵人先用一根三公尺長的繩索將牠捆在木樁上，以便就近看管，並減低攻擊性。當牠看到一隻大山豬經過時，想要撲殺這隻肥美獵物，此時大山豬立刻死命逃跑，美洲豹跑跳了三步，就被繩索牽絆住，只能望而興歎。過不久獵人將繩索縮短為五公尺長，牠活動的範圍縮小了。有一天，當牠看到一隻公雞經過時，又想要撲殺這隻獵物，只見公雞昂首闊步快步閃過，美洲豹只跑跳了兩步，又被繩索牽絆住，只能暗自垂淚。最後獵人乾脆將美洲豹

鎖在籠內，以策安全。一天有一隻公綿羊緩緩經過，此時只見美洲豹無精打采蹲伏在籠內，頭也不抬的目送綿羊離去。」

❹ 賦能就像醍醐灌頂，釋放團隊成員驚人的潛能與才賦，並且竭盡所能的貢獻投入。僵化的管理制度或是失能的領導力就像是綁住美洲豹的那根繩子或籠子，賦能就是要剪斷那根繩子、打開那個籠子，釋放成員的潛能，讓他們都能成為生龍活虎的美洲豹。

品質是企業與組織的基石

（故事案例：一根鐵釘都不能少）

故事鑑古知今，可運用在經營管理。警世惕勵與
教化功能，讓人們覺醒與轉變，並提出問題解決
的線索，讓世界的更美好。

• • • •

挫折讓我懂得慢下腳步，逆境讓我虛心反省檢討。
我沒有失敗，我只是暫時停止成功。

有一位國王準備與入侵的敵人打仗，因為時間緊迫，他命令馬夫迅速備馬，並給心愛戰馬釘上蹄鐵。馬夫立刻對鐵匠說：「快給牠釘蹄」！鐵匠埋頭幹活，從一根鐵條上弄下四塊蹄鐵，把它們壓平、彎曲變形、固定在馬蹄上，然後開始釘釘子。

　　鐵匠釘了個三塊蹄鐵後，發現沒有釘子來釘第四塊。

　　「我需要再一、兩根釘子。」鐵匠說：「我還需要一些時間來完成。」

　　「我等不及了。」馬夫說：「我們快要集合出征了，集合號響起了，你快點想辦法湊合一下。」

　　「我能夠把第四塊蹄鐵稍微固定。」鐵匠說：「但不能保證牢靠。」

　　「好吧，這樣也行。」馬夫說：「總之你快一點，否則國王怪罪下來，我們兩個擔待不起。」

　　兩軍開始交鋒後，國王一鼓作氣，衝鋒陷陣，眼看敵軍節節敗退，國王乘勝追擊。就在此時，國王騎的馬突然跌翻倒地，原來第四塊蹄鐵脫落了，國王也摔倒在地。驚恐的馬立刻掙脫韁繩逃跑，留下一臉錯愕的國王在地上，敵人軍隊立刻包圍上來，活捉了國王。

　　國王憤怒的喊道：「一匹馬、一塊蹄鐵，我的國家就葬送在一塊蹄鐵上。」後人紛紛傳說：

　　少了一根鐵釘，丟了一塊蹄鐵；丟了一塊蹄鐵，跑了

一匹戰馬；跑了一匹戰馬，死了一個國王；死了一個國王，敗了一場戰役；敗了一場戰役，毀了一個國家；所有的損失都是因為：少了一根鐵釘。

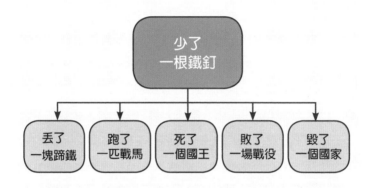

❶ 故事據說是英國經流傳的一段傳說。起源於一場將由誰來統治英國的戰役。一四八五年，國王理查三世親自率軍，準備與里士滿伯爵決一死戰。戰鬥開始前，理查讓馬夫裝備好心愛的戰馬。但鐵匠在幫戰馬釘蹄鐵時，因為缺少幾根釘子，所以有一塊蹄鐵沒有釘牢。開戰後，理查國王身先士卒，衝鋒陷陣。「衝啊，衝啊！」他高

喊著，率軍隊衝向敵陣。眼看理查國王的隊伍就要獲勝，突然，國王的坐騎掉了一塊蹄鐵，戰馬跌翻在地，士兵見國王落馬，紛紛轉身撤退。敵軍見狀圍了上來，就這樣俘獲了理查國王。

❷ 一根鐵釘都不能少的故事，代表對於「品質」的重視。「品質」是企業與組織績效的衡量，也可泛指一般商品或服務的水準。日前黑心塑化劑、食品原料的弊案就是罔顧人命，不重視品質的危害教訓。此外，擁有二百三十二年歷史的英國霸菱銀行，與一百五十八年歷史的美國雷曼兄弟集團，掀起「金融海嘯」的滔天巨浪，落得一夕垮台，也是忽略內部稽核控管與道德操守的品質問題。

❸ 同樣是戰爭故事，讓我聯想到另一個經典的戰爭案例：第二次世界大戰的敦克爾克戰役（Battle of Dunkirk），短短十天時間就把三十四萬大軍從危機中拯救出來，這是發生在一九四〇年，五月二十六日的敦克爾克大撤退。當時德國軍隊瓦解法國馬其諾防線後，包抄英法盟軍，盟軍撤至敦克爾克（法國東北部的港口）後，為了避免被德軍圍殲，執行了當時最大規模的撤退行動，名為「發電機行動」。撤退過程中，除了天時、地利、人和，指揮官縝密規劃與凝聚民族意識，動用各種艦船八百六十一艘，包括漁船、客輪、遊艇、救生艇等等小

型船隻，趁英吉利海峽海象狀況允許，動員大小船隻，進行一場代號「發電機行動」的史上最大規模戰略性撤退，成功將聯軍三十四萬人撤回英國，為盟軍日後的反攻保存大量的有生戰鬥力。兩個戰爭案例故事，一個急就章匆忙而行，另一個縝密規劃，確保執行品質。

高處不勝寒，雲深不知處

（「毀」人不倦？還是「培育英才」？）

回味故事情境中的點點滴滴，好像靜靜聽著黑膠唱片流洩的旋律，陷入時光膠囊中，獨自品嚐酸甜苦辣滋味，時而反思，時沈吟……。

• • •

幽谷百合在荊棘中顯得獨特而美麗。我要在人云亦云的潮流中堅持「真、善、美」的價值觀。

一個春暖花開的午後，年過四十的李冰悠閒坐在公園一隅，手拿著一杯用80度熱水泡出的「東方美人」茶，恣意享受近日難得露臉的陽光。雖然只有一個半小時的午休時間，李冰也要讓自己心情舒坦些，藉以療癒多年來身為主管，卻「高處不勝寒」的孤寂與挫敗。

　　日前又抑制不住對部屬暴怒，罵走了一個經理。今日這個午後，正好可以讓自己獨處、沈澱思緒。他捫心自問：難道對部屬出於「愛之深，責之切」的指責也錯了嗎？李冰回顧自己在職場十六年的經歷，從基層、中階至中高階的主管，到底是「毀」人不倦，還是「培育英才」？如何身為一個帶人帶心的好主管？難道「績效卓越，部屬滿意」，根本只是一個不切實際的美麗夢幻（烏托邦）？自己曾否教導出一個懂得感恩回報的部屬？還是「一將功成萬骨枯」，適者生存、不適者淘汰？李冰緩緩啜飲著手中的一杯茶，試圖讓自己釐清思緒。他再度思索，身處職場叢林究竟是「漂泊的靈魂」？還是「孤獨的天才」？未料如此的午後獨處，開啟一番難得的自我對話，赤裸裸地剖析自我。

　　子曰「三十而立，四十不惑，五十知天命。」雖已逾不惑之年，然李冰對自己在領導和管理上的體會依舊有許多疑惑，甚至感到茫然無助。由於看過許多管理文獻，發現對於好主管的要求簡直是「苛求」：一面要求主管要把

事情做好，創造卓越績效，另一面要求主管要體恤部屬，人性關懷。雖然這兩方面兼顧是合情合理的，只不過身在「高處」的自己，也有軟弱的時候，他不禁發出一聲哀嘆──主管難為啊！多麼希望此刻有一位心靈導師能夠與自己對話，至少能夠安靜地聆聽自己傾心吐意。

此刻手機響起，副總的秘書小姐突然來電告知他，副總想要找他談一談有關高階主管個人發展計畫（IDP，Individual Development Plan），協助主管有效領導並激勵部屬。此外，副總也請人力資源部門幫李冰報名去上一門「教練型領導力──打造「信、望、愛」組織文化」培訓課程。

掛上電話，李冰心中一股暖意，好感謝副總能在自己低潮之際，給予一個未來成長的個人發展計畫，不致落入徬徨掙扎的無底深淵。為了不辜負副總的美意，他期許自己能成為主管心目中與組織發展中不可或缺的關鍵人才。

此刻，手中微涼的「東方美人」淡淡茶香，已讓李冰品嚐出絲絲甘味。

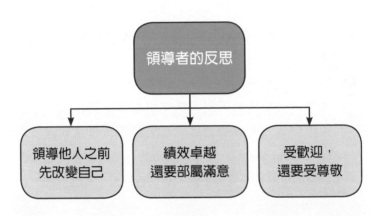

① 這個故事是多年前擔任領導者，自我反思的實際案例。參與這個培訓是生平中的第一次，那時才知道有比不發脾氣更好的領導方式，學習如何控制情緒。這也間接開啟我進入企業培訓界，擔任講師的契機。人生何處不桃源？

② 每一個領導者都可以有的典範學習對象，比如兼具理性與感性的德國總理梅克爾，在選民的眼中是溫柔又強悍的媽咪，她是難民救星也是撙節女王。她的作為也寫下了自己的故事。

③ 故事學家史蒂芬‧丹寧 Stephen Denning 說：「說故事不但是一種古老的行為，對領導人來說，也是最有效的

工具之一。這個訴諸感性的做法，如果運用得宜，可以讓整個組織團結起來，一起追尋共同的願景。因此，領導人必須根據自己面對的情境，來謹慎選擇要講述的故事。」

❹ 故事中提到的關鍵字眼：「教練」（coach）。「教練」原本是運動界的術語，近年來被廣泛運用到企業、人際關係、生涯規劃上。我開始學習運用教練技巧（coaching skills），了解成員心態，激發潛能，不斷發掘新的可能性，提昇技能，將成員調整到最佳狀態，以獲致成果。

馬壯車好，不如方向對

（「牆上的時鐘」v.s「心中的羅盤」）

短故事精準聚焦，善用譬喻隱喻，引發深沈的啟
示。故事本身就是激勵、導引、告知和說服的最
佳工具，自己要盡可能創造分享故事的場合。

• • • •

湖水擁抱雨滴，泛起美麗漣漪；火柴親吻蠟燭，
照亮滿室溫馨。我開始學習從關注自我轉移到關注
他人。

春秋戰國時期，有位夫子備了很多物品，欲前往南方楚國。途中遇到路人甲，順便問路，路人甲答：「此路非往楚國。」夫子說：「我的馬很壯，沒關係。」

路人甲無奈搖頭。夫子繼續前行過了不久，途中遇到路人乙，順便問路，路人乙答：「南轅北轍，此路非往楚國。」並再次強調這不是去楚國的方向。

夫子卻依然固執的說：「我的車很堅固。」

路人乙只好嘆息的說：「馬壯車好，不如方向對」！

※　※　※

有一個年輕人去尋訪深山裡的大師，想要參透人生的智慧。大師說：「想要參透人生的智慧，你必須要擁有絕佳的判斷力。」年輕人稱謝離去，過幾天他還是感到茫然，再去請教大師：「擁有絕佳的判斷力，才能參透人生的智慧；那麼要如何擁有絕佳的判斷力呢？」大師沈默一會兒，微笑的說：「要擁有絕佳的判斷力，你必須要有很多寶貴的經驗。」年輕人再次稱謝離去，過幾天他還是感到困惑，於是再去請教大師：「要有很多寶貴的經驗，才能做出好的判斷力，進而參透人生的智慧，那麼要如何才能得到很多寶貴的經驗呢？」

這次大師毫不猶豫地回答：「想要得到很多寶貴的經驗，你必須做出很多錯誤的判斷！」

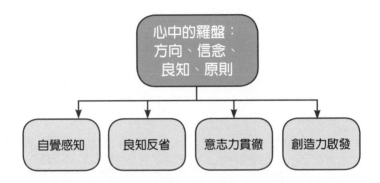

❶ 「馬壯車好，不如方向對」故事，可隱喻啟示「時間管理」的「牆上的時鐘」與「心中的羅盤」的對比。「馬壯車好」表示我們的眼光總是放在「牆上的時鐘」。「牆上的時鐘」代表的是：承諾、時間表、目標，也就是我們的做事方法。但是極有可能，我們正走向一個錯誤的方向，可能瞎忙一通，分不清楚事情的重要性和急迫性，最後陷入所謂「忙、盲、茫」。

❷ 故事中「方向對」隱喻我們的耳朵會聽到「心中的羅盤」。「心中的羅盤」代表的是：遠見、價值、原則、信念、良知、方向等，也就是我們的價值觀與生活方式。「方向對」表示我們願意傾聽內心驅動的呼喚，想一想哪些是人生最重要的事情？這些最重要的事情可能是除了「名利、地位、財富」之外的東西，比如說：

「愛、影響力、學習」。這些最重要的事情，要透過你的自覺來感知、你的良知來反省，你的意志力貫徹，和你的創造力來啟發。

❸ 好故事不一定要長。短故事類似極短篇「小而美」（small but beautiful）的型態，是凝鍊智慧，引發感悟。要在極短篇幅裏完成故事鋪陳，內容必須精鍊，並營造張力與衝擊。

故事不是萬能，但有時候，沒有故事卻萬萬不能。例如，當我們針對一項政策表達批判性的觀點時：如政府的前瞻政策、新南向政策、能源配置政策、免費午餐與稅改預算政策、企業的產品、通路或價格策略等，或可先用「馬壯車好，不如方向對」闡述價值啟發點。故事說完再佐以數據、資料事實作為邏輯推理，如此兼具感性與理性，才能有效說服。

❹ 第二個故事像請君入甕一般，最後才柳暗花明，豁然開朗：做出很多錯誤的判斷、有很多寶貴的經驗、做出很多絕佳的判斷，最後才能參透人生的智慧。同樣地：想學故事技巧，你必須讓自己先成為一個有故事的人：珍惜生命每一段際遇，積極聆聽、同理關懷、樂於分享並勤於思考與記錄心情點滴。故事，沒有必殺技，只有千年功！日積月累，自然流露感性情懷，此即「世事洞明皆學問，人情練達即文章」。

榮耀與掌聲（肯定與讚美）

對話是故事裡最吸引人的情境，這是連小孩子都會的說故事方法。對話讓故事產生畫面，表達角色的個性、想法與感受，因此了感性的內容。

● ● ●

對於生命我有很多的疑問，但是時間總是耐心的給我解答。因此我決定不再辜負時間。

鐵民是一家設計公司的設計經理，他帶領的團隊多次贏得德國紅點設計大獎（世界四大設計大賽之一，有國際工業設計奧林匹克獎之稱）的大賞。團隊常常接案接到手軟，因為他們獨特的設計風格，贏得眾多顧客的熱愛。其實在這背後有一個最大的精神支柱，是來自鐵民的偶像——蘋果電腦賈伯斯的創新思維與執行力。

　　鐵民欣賞賈伯斯獨具慧眼的簡約風格，以及從客戶導向出發的產品設計觀點，都是鐵民引以自傲「贏的秘密」——創新壓箱寶。

　　但除了師法賈伯斯的設計理念，鐵民無形中竟也不自覺模仿賈伯斯的領導風格：魅力、獨斷與個人式嚴厲的領導風格。或許是這種領導風格移植不良，讓鐵民的部屬苦不堪言，終於在今年年初尾牙宴之後，團隊中的好手成員紛紛離職求去。於是他的日籍主管設計總監--井上隆，開始與他有了一段對話：

　　井上隆：「鐵民，你的績效不錯，但團隊成員似乎不太滿意你的領導風格是嗎？你知道團隊成員紛紛離職的原因是什麼嗎？」

　　鐵民：「報告總監，我身為一個要求完美的設計主管，非常注重品質與紀律。因此，我師法世界級的蘋果公司作為我的標竿學習對象，進而學習賈伯斯的領導風格。所以，在我眼中實在容不下那些在團隊中「混水摸魚」的

消極態度。難道這也錯了嗎？」

井上隆：「鐵民，我同意你厭惡團隊中「混水摸魚」的現象，並加以導正是很棒的決策。我也記得你常提及很欣賞賈伯斯的魅力、獨斷與個人式的領導風格，這並沒有對或錯；但是如果在這樣的領導風格下，只注意「績效卓越」，卻忽略了「部屬滿意」，又該如何呢？」

鐵民：「您的意思是……？」

井上隆：比如你指正部屬過錯時，情緒失控爆衝，用詞損及其自尊心，就無法給予部屬適切的回饋；或者團隊會議出現一言堂現象，導致其他人不敢暢所欲言的討論呢？乃至於你們有好的成績表現時，是否忘了給予成員肯定與鼓勵呢？」

鐵民：「喔！是的，這次紅點設計大獎在五十六個國家三千多件作品中，我們能奪下大獎，多虧團隊成員不眠不休的討論與製作，但我竟然吝於給團員一些讚美鼓勵的話。此外我曾在大庭廣眾下怒罵羞辱部屬自尊心，卻忽略『揚善於公堂，歸過於私室』，也是我必須深自反省的。」

井上隆：「是的，你可以發展出自己的領導風格。不一定是賈伯斯的風格。否則容易落入『畫虎不成反類犬』的困境。」

鐵民：「謝謝總監提醒。是的，就像蘋果電腦的庫克（Timothy Donald Cook）接棒後，似乎他的溫文儒雅也

能帶領團隊再創佳績，感覺好像『英雄淡出，團隊勝出』一般！」

井上隆：「是的，每個領導者都有不同的領導風格，重要的是領導果效能兼顧：績效卓越，部屬滿意。團隊就像是掌舵與划槳，那些高績效團隊，在建立的過程中，要滿足個人（satisfy individual）並達成任務目標（achieve task）。」

鐵民：「謝謝總監提點，我領悟到：當我把榮耀歸給成員，他們就會把掌聲歸給你。我要學習做一個好的領導者，就像好牧人懂得用杖竿，指引群羊到可安歇水邊，享受豐盛草場。」

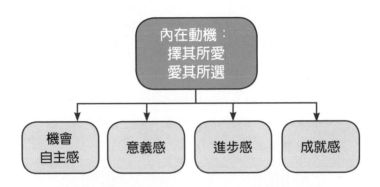

故事漣漪

內在動機：
擇其所愛
愛其所選

機會
自主感

意義感

進步感

成就感

❶ 這是我創造編寫的故事，透過對話過程，體現「肯定讚美」重要性。在衝突對立的年代，常看到在社群網路「鐵粉變酸民」的現象：愛之欲其生，恨之欲其死。容易發掘他人缺點，卻吝於肯定讚美他人。安迪沃荷，普普藝術的開創者之一，他的名言「在未來，人人都可成名十五分鐘」。在這「人人頭上一方天，個個爭當一把手」的年代，人人都想成名十五分鐘，代表著亟欲早日成功的成就動機。領導者要能激發成員的「內在動機」（intrinsic motivation）：機會自主感、意義感、進步感、成就感，擇其所愛，愛其所選。

❷ 二〇一三年的九月，我受邀於臺東縣政府，為三百多

位幼兒園小朋友說繪本故事。活動名稱是「嬰」閱響「啟」（鼓勵嬰幼兒閱讀起步、親子共讀繪本）。雖然在企業內訓講授「說故事行銷」、「說故事的領導力」、「說故事學激勵」已有多年經驗，但跟小朋友講繪本故事卻是頭一回。我深怕砸鍋，辜負主辦單位期望，因此忐忑不安，有些勉強。卻也認真的找了一本《我變成一隻噴火龍了！》（作者／繪者：賴馬），仔細閱讀，並揣摩故事情節。

當天搭了早班飛機飛往台東，當時感冒未癒，忽冷忽熱，喉嚨發炎加上頭痛，一路上只能禱告，求主保佑。終於來到寬敞會場，看到幼兒園小朋友魚貫進場，他們的銀鈴笑語、童言童語、歡樂不斷，成為我最好的止痛良藥。活動開始，首先由縣長夫人朗讀故事，並帶領故事媽媽們，配合聲光、服飾、道具，邊說邊演，極為精彩。小朋友笑逐顏歡。看到這一幕，我不禁冷汗直流。因為我單槍匹馬，沒有任何聲光道具與人員配搭，深恐在氣勢上就輸了一大截，引不起孩子們的興趣。

接下來換我上場，我硬著頭皮裝可愛。當我手舞足蹈，講了第一句：「好久好久以前，有一隻會傳染噴火病的蚊子，嘴巴尖尖長長，叫做波泰。波泰最喜歡吸愛生氣的人的血。」沒想到台下三百多位小朋友竟然開始比手劃腳，有模有樣的學著蚊子。這給了我信心，於是又接

著講：「古怪國的阿古力是一隻很高大的綠色怪獸，很愛生氣，今天一大早，就被波泰叮了一個包。他當然非常生氣。阿古力大叫一聲，噴出了大火，哇！我變成一隻噴火龍了！」小朋友又立刻有模有樣地學著怪獸噴火龍。至此，我終於與他們一起沈醉在故事的魔法森林。同時，我也在小朋友一雙雙歡樂與好奇的眼睛中，找到了自信與鼓勵。

那一天的情景至今已有四年多了，但我永遠不會忘記，孩子們給我的掌聲特別熱烈，笑容特別純真。「每一個人在生命的某個階段，都會有這樣的經歷：內心的火熄滅了。這時與另一個人的不期而遇，或許能讓它重新點燃。對於那些能重新點燃我們心靈之火的人，我們將永遠感激。」這一段話出自「非洲叢林醫生」史懷哲博士。對於那些能夠重新點燃我心靈之火的小朋友們，我永遠感激，也真心祝願每一個小小孩都有機會成為「小小愛書人」。

一樣的總機小姐，不一樣的服務思維（當責與共好的執行力）

故事先告訴聽者「你是誰」；幫聽者找出「他們
是誰」；並讓聽者參與故事發展。對比故事凸顯
價值反差，讓聽故事人行解讀與學習。

· · ·

我不知道風往哪一個方向吹？但我會享受每一個微
風中的歌唱，清風下的明月，還有寒風中的跋涉。

多年前我擔任某家電大廠的培訓講師，講授「當責與共好」課題。抵達該公司大廳後，即向總機小姐表明來歷，煩請她通知人事部李經理，於是我在沙發上耐心等候。

左等右待，約莫等了十分鐘，只聞樓梯響，不見人影來。我耐不住性子，詢問該總機小姐，誰知她用一副冷漠態度回答我：「有啊！我剛才聯絡李經理，但是她不在座位上。」我心頭為之一驚，心想然後呢？沒想到接著她停住了話語，若無其事一般，彷彿已經回答完我的疑問。

我心中百轉千迴，驚訝不已，這就是答案嗎？以她的職責，她還可以再多一點點──她可以在第一時間點主動告知我狀況、她可以撥打手機或廣播通知尋找、她可以透過部門人員協助尋找，但很可惜，所有這一切她都沒有做。

我開始想要了解她行為反應的背後因素：例如，她喜歡她的工作嗎？她有接受過接待禮儀培訓嗎？她的主管知道她的態度或能力嗎？她是第一天上班就是這個態度，還是受了刺激變成這樣呢？這一切的疑問開啟了我對於「當責──做到專業，全力以赴」的關注。

一樣的總機小姐，不一樣的服務思維：另一個對比案例，同樣是總機小姐陳美燕。這位從十八歲擔任台塑總機開始，電話鈴聲三響內她一定會接起來，跟她講過一次話她就會記得妳是誰。她反覆默背每個人的分機號碼，絕不

會讓人等待。她說：「我和別人不一樣，我很用心！」

至今已經工作四十餘年，但這位總機阿嬤陳美燕，就是被大陸工程總經理殷琪大力稱讚的總機小姐。

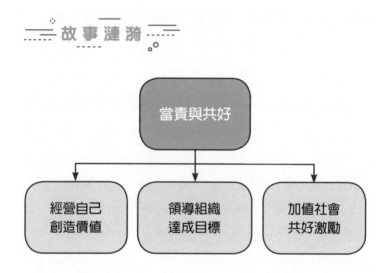

① 員工的言行舉止，代表公司的形象。故事強調「當責」：當責是「當仁不讓，責無旁貸」；當責是「執行任務並交出成果」；當責是對於自己與他人承諾之事的實踐；當責是全力以赴，做到專業。

② 當責的重要性，至少有下列幾個原因：

a. 行有不得反求諸己（嚴以律己，出了問題先檢討自己。）

b. 自我內在的激勵（完成自己承諾的事，為最終成果負責。個人追求更進一步的自主感、責任感與成就感。）

c. 制高點的思維（制高點的思維在於：單點與全面、短期與長期、有形與無形、絕對與相對、主觀與客觀的均衡思考。讓我們有恢弘的視野，遠大的格局，悲天憫人、民胞物與的胸懷）

❸ 當責的層面可包含：個人當責、團隊當責、組織當責。企業傳揚當責的小故事，標舉當責正面行為指標，可塑造當責文化。如：一九八五年海爾張瑞敏因為生產的冰箱不良率太高，於是帶領員工親手砸毀瑕疵冰箱，並建立品管意識，進而抱回國家品質金獎的故事，就是傳遞組織當責的信念：「有缺陷的產品，就是廢品！」

❹ 快速競爭的狂飆年代，出現許多「受歡迎卻不令人尊敬」的現象：快速成長的企業組織，卻因貪婪野心或喪失道德操守，也快速崩落。這種現象在新創公司初期吸引投資人瘋狂的資金投入、黑心食品公司、汽車業假造油耗數據、金融業淘空洗錢等，罄竹難書，歷歷如繪。

大衛打敗歌利亞

（勇氣，你的對手是恐懼）

小蝦米戰勝大鯨魚的啟發：要能以小搏大，以弱勝強，除了智謀，還需要勇氣，鼓舞力一搏的勇氣。

· · ·

天馬行空的想像帶我馳騁創意世界，靈光乍現的靈感是苦思後的回報。我擁有解決問題的創新思維。

西元前一○二五年，有一天在平靜的以色列國，一群野蠻的非利士人（Philistines），和以色列大軍對壘。這一次非利士人派出一名叫歌利亞（Goliath）的巨人。他身形魁梧，頭戴銅盔，身穿鎧甲，腿上有銅護膝，肩上扛著槍桿粗如織布的機軸，手持大鐵槍，凶猛揮舞著。

　　巨人歌利亞每天對著以色列軍隊大聲叫陣，面對如此的挑釁，以色列舉國上下人心惶惶，國王掃羅卻無計可施。日復一日，以色列軍隊始終不敢迎戰，此時軍中糧草所剩無幾，軍心也開始動搖。於是掃羅向全國發佈通告：誰能將歌利亞殺死，重金獎賞，王的女兒給他為妻，並免他三年納糧和當差。

　　有一天少年牧童大衛，正好要將大麥餅送給出征前線的三個哥哥。他來到前線自告奮勇，表示願與歌利亞一戰。掃羅一看大衛，認為他年紀太輕，根本就不是身經百戰所向無敵的歌利亞對手。

　　大衛說：「我在曠野中為父親放羊，有時獅子或熊跑來吃我的羊羔，我就追趕牠，擊打牠。更何況我有上帝與我同在，上帝必會幫助我戰勝歌亞的。」

　　掃羅就祝福他說：你去吧！願耶和華與你同在。於是，大衛手中拿著甩石的機弦，又在溪中挑選五塊光滑的石子，走近歌利亞。上場後，展現初生之犢不畏虎的勇氣，先躲過歌利亞的長矛攻擊，接著大衛再從囊袋中取出

一塊石子，不慌不忙地用機弦在頭頂甩了幾圈，打向歌利亞。沒料到，甩出的石子竟不偏不倚地打中歌利亞的前額要害，巨人應聲倒下，撲地而死。

　　非利士兵見歌利亞被大衛殺死，就亂成一團，扔掉旗幟、戰鼓，慌忙逃跑。從那以後，大衛更加依靠敬畏神，神也賜福予他，時時刻刻與他同在。大衛長大後，成了以色列的第二任國王。

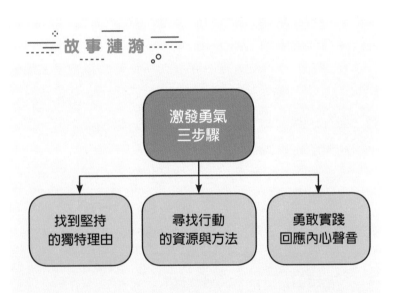

故事漣漪

激發勇氣
三步驟

找到堅持
的獨特理由

尋找行動
的資源與方法

勇敢實踐
回應內心聲音

❶ 「歌利亞」代表橫在眼前千重山、萬重水的艱難險阻，

令人心生畏懼沮喪，想要退卻。好比故事中以色列人面對巨人時心理害怕，不敢迎戰，百姓人心惶惶，軍心動搖。「大衛」代表著初生之犢不畏虎的勇氣（Courage），自告奮勇表示願與歌利亞一戰，說服國王掃羅讓他出戰，終於機會是留給準備好的人。

❷ 勇氣，讓我們走出舒適安逸圈，構築夢想，採取行動，創造改變。勇氣背後還要有「智慧」和「熱情」，才能善用資源，以小博大，否則容易流於有勇無謀的暴虎憑河（指空手與虎搏鬥，不靠舟船而徒步涉水；比喻人有勇而無謀，冒險蠻幹。）故事中大衛使用甩石的機弦與五塊光滑的石子，而沒有長矛與盔甲，就像經理人在負責專案時，有時因為資源有限，在考慮預算成本、時間與人力、物力等條件下，懂得「運用有效的資源，創造最高且合理的利潤」。

❸ 大衛能夠精準擊中目標（敵人的前額），也意味著平常訓練有素，有著良好的技巧磨練與紀律，才能在關鍵時刻執行任務。這就好比許多中小企業能真正成為"隱形冠軍"（Hidden Champions），都是非常專注於核心技能與產品的研發，多年累積實力與經驗，才能面向國際市場的「惡劣疆場」去馳騁競爭、拼搏廝殺。

❹「勇氣」是面對恐懼、克服懷疑和面對未知狀況與不確定感時的行動能力。近年來，數以萬計的難民湧入歐

洲，難民冒著生命危險逃離家園，遠渡重洋需要勇氣；歐美各國的領導人在接納收容難民的政策擬定時也需要勇氣。同樣的，各國政府在引領改革、取締不法活動時需要勇氣，組織領導人在組織改造或做出創新決策時需要勇氣，經理人在創造專案績效時需要勇氣，個人在規劃成功人生時也需要勇氣。

❺ 激發勇氣的三步驟：第一、找到必須堅持去做的獨特理由（知道為何而戰）；第二、尋找行動的資源與方法（知道如何而戰）；第三、勇敢去做、去實踐（知道問心無愧）

齊魯夾谷會盟

（察納雅言，上下情通達）

歷史故事讓我們思接千載，視通萬里。故事重現過程，除了緬懷當時場景，更可借古諷今，借物喻人，借景譬事。洞悉時代演變淬練的永恆慧與深層價值。

• • •

心態改變，行為跟著改變；行為改變，習慣跟著改變；習慣改變，我的命運跟著改變。

公元前五百年，魯定公與齊景公相約在夾谷舉行盟會，孔子當時正任魯國的代理國相。孔子對魯定公說：「臣聞有文事者必有武備，有武事者必有文備。古者諸侯并出疆，必具官以從。請具左右司馬。」（意指：臣聽聞以和平解決爭端，必定要有武力作後盾；以戰爭解決糾紛，也要有和平解決的準備。古代諸侯同時離開國境，一定要配備應有的官員作為隨從，請君上配備左右司馬隨行吧）。定公接受了孔子的建議，配備了掌管軍事的左右司馬。

　　而齊景公的幕僚卻建議：「孔子知禮而無勇，不懂戰爭，不如到時我們安排萊夷人手執兵器，以武力威脅魯國國君，這樣我們就勝券在握。」齊景公也聽從了這意見。

　　到了盟會的地方，賓主互相揖讓登上壇，又敬完了酒。此時，齊方卻暗地唆使萊夷人手執兵器，鼓噪喧嘩，想要劫持魯定公。當此危急之際，孔子立即登上階梯，扶著定公退下壇來。隨後，孔子對著魯國的衛士們說：「你們可以拿起兵器殺了他們。我們兩國君主結盟，邊遠的東夷，竟敢稱兵鬧事，破壞兩國友誼，此非齊君待客之道。」

　　齊景公聽了頗感到羞愧，於是揮了手讓萊夷人退避下去。回到國內便責怪群臣百官說：「魯人用君子的道義去輔佐他的君主，你們卻使用夷狄的辦法來教唆我，使我犯下過失。」

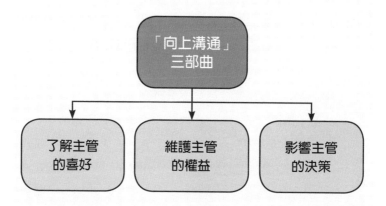

❶ 上下通達：《尉繚子‧原官第十》：上下通達，至聰之聽也。上情下達，下情上通，才保持溝通資訊順暢，掌握全局狀況。溝通過程中蘊藏「向下管理」與「向上管理」真諦。

❷ 向上溝通三部曲：兩個國君都聽從幕僚意見，卻有不同的結局。此可從「向上溝通」的三部曲窺知：「了解主管的喜好」、「影響主管的決策」、「維護主管的權益」。首先，了解主管的喜好，應為人臣基本素養，才能溝通無礙。其次，會盟之前，孔子建議配備左右司馬隨行保護，智慧洞察到可能發生的變故，於是預先設防，以備不測。這在「向上溝通」中，部屬能「影響主

管的決策」，主管聽而採納部屬意見。最後，在魯定公面對逼近的緊急危難，孔子反應迅速，明察秋毫，見來者不善，當機立斷，瓦解齊人計謀，保護魯君安全與尊嚴，此屬「向上溝通」的「維護主管的權益」。

❸ 「向下管理」側重：傾聽、詢問與回饋；歷史上為人熟知，懂得傾聽意見並鼓勵下屬發言，當屬唐太宗「求諫之誠，納諫之美」。公元六二八年唐太宗問魏徵：「人主何為而明，何為而暗」？魏徵説：「兼聽則明，偏聽則暗」。三國時期的諸葛亮在《出師表》：「陛下亦宜自謀，以諮諏善道，察納雅言，……。」也提醒君王廣開言路，虛懷納諫，向群臣徵詢治國良策，審察接納合理正確的言論。由此可見，唐太宗的兼聽廣納意見，劉備的察納雅言，都是君王開放胸襟，贏得信賴的溝通典範，上下情才得以通達。

No. 27 商鞅變法（徙木立信，卻作法自斃）

成語故事透過固定短語，蘊含歷史故事及哲學意義，是引人入勝啟迪智慧的絕佳故事源，更是中華文化的瑰寶。

* * *

雨過天晴的一道彩虹，喚起對於生命的謳歌與禮讚。彩虹的另一端總有無數的希望與夢想在漂浮。

商鞅在西元前三五六年變法之初，法令已經就緒。還未公佈之時，恐人民對新令不信。於是在都城後的市場南門，豎起一根三丈的木頭，並在旁貼出一張告示：如有人將其搬移至市場北門，將給予十鎰黃金報酬。眾人半信半疑，多觀望不予理會。數天後賞金提高至五十金，有人立即嘗試，將木頭移至指定地點，商鞅立即承諾，給予五十鎰黃金重賞。經過此一鋪陳，新法正式公布。此一諾千金，言出必行，令出法隨，取得百姓的信服。

　　新法實施之後恰巧太子犯了法，商鞅便處罰太子太傅公子虔與太子太師公孫賈，代他受罰，以示警戒。至此秦國人民都遵守法令規定，不敢再有異議。

　　商君在秦國執政二十一年，讓秦國由弱變強，卻也得罪不少權貴，許多宗室貴族都對他心懷怨恨。孝公駕崩後，公子虔等人上告商君計畫謀反，商君逃亡至旅店寄宿，卻因沒有身份證明，無法投宿，店主告知這是商君的法令。至此商君感嘆的說：「唉！制法的流弊，居然到了這種地步！」

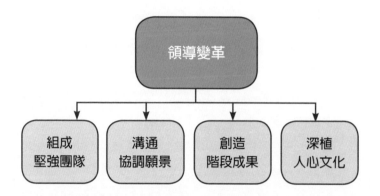

❶ 故事隱喻（metaphor）效果：「徙木立信」隱喻立法者
言而有信，才能樹立威信。企業或政府組織領導統御的
三大支柱：「情、理、法」（人情、義理、法度）。上位
者以身作則、執法嚴謹、民胞物與，下位者自然風行草
偃，潔身自愛，守法如常。由是觀之社會不法亂象：
違法農舍、山坡地違建民宿、都市內拆不勝拆的違章建
築、騎樓下違規攤販林立、黑心食品、空污廢水、詐騙
集團橫行、金融假帳淘空等，足令吾輩深思立法與執法
的落實。

❷ 《周易·乾卦卦辭》「元亨利貞」四字也說明：初始的
周延細膩規劃、設定崇高標準、顧及利害關係人權益並

防範小人、維持高潔情操。商鞅變法的主張，曾在秦孝公面前與朝中反對的群臣為此彼此辯論。商鞅——反駁甘龍、杜摯的觀點，力陳只要有利於人民，就不必效法陳規，遵循禮制。並認為聰明的人創造新的法度，有才幹的人能變更禮制。只有世俗一般見識的人，才會受制舊法，拘泥禮制。秦孝公聽罷，肯定商鞅的主張，更加堅定自己的心志。

❸ 變革也需要團隊合作：組織內的變革通常不會只靠個人單槍匹馬推動。商君在變法過程中，難免會得罪「利害關係人」的權益，例如，處罰太子的老師等。但當其權傾一時，功高震主，自作主張變更國君命令，更用嚴刑峻法傷害人民時，就會累積民怨，凝聚禍患。大臣趙良苦口婆心勸告：「恃德者昌，恃力者亡」，但因其恃才傲物，性格「刻薄少恩」，最後落得惡名，不得善忠。嗟乎，為法之敝一至此哉！《史記‧商君列傳》「唉！制法的流弊，居然到了這種地步！」

故事行銷

促動感性情懷，心動才會行動

商品服務有水準，故事真誠不欺騙。故事行銷
是賦予產品意義、典故、歷史及人文意涵，使
其與顧客產生情感連結、想像與興趣。故事行
銷的三種型態：

1. 創辦人的軼聞趣事

2. 待客之道或與顧客互動

3. 品牌、產品、材料組成或來源

選議題、說故事、抓數據、講對策（老鷹想飛——理念行銷）

活著的每一天，都是人性與價值觀的爭戰。好故事，巧商機：故事行銷讓生硬的環境議題，擴大成為一般消費者都能具體參與的行動。

• • •

當我學習把關注的焦點從自己的身上轉到他人的身上，我才能感受到那一份情真意切的情感流露。

那年一個颱風即將來襲的傍晚，五十三歲的沈振中，獨自一人騎著野狼一二五機車，在山間裡奔馳，朝著老鷹飛去的方向，一心尋找牠們的夜棲地。那天，他摔斷四根肋骨，卻為了守護老鷹，他忘了痛。這是老鷹先生沈振中過去每一天的生活寫照。

　　人稱「老鷹先生」的沈振中，原是生物老師，當時三十八歲的他坐在基隆大武崙沙灘堤防上，看到老鷹陸續飛到山頭盤旋，像閱兵一樣的滑翔，一隻、兩隻、三隻……，最多十四隻。這像是一場族群的「晚點名」，總是一隻在較高的天空滑翔，其餘仍依依不捨的在另一區追逐、玩耍，最後終於聚集在一起，朝同一個方向，滑向海上，一個轉身，再滑回風口，如此反覆二、三次，高度逐漸上升。

　　老鷹為什麼消失？牠們究竟到哪裡去了？沈振中投入生命中最精華的二十年，開始追尋這個答案。他開始獨步山林，讓老鷹進入了他的生命。直到一天南台灣直擊！發現紅豆田裡的危機：紅豆田裡使用過量的的農藥危機，導致麻雀等禽鳥誤食，以致食物鏈終端的老鷹數量銳減。「與其說是我發現牠們，倒不如說是牠們擄獲我，要我為牠們記下這正在發生以及即將發生的事。」

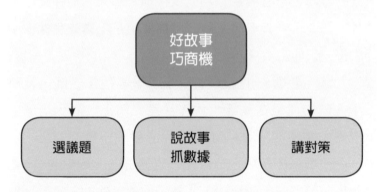

故事漣漪

好故事
巧商機

選議題

說故事
抓數據

講對策

❶ 一九九二年農曆大年初一，在澳底漁村雜貨店，沈振中
老師開始寫《老鷹的故事》，提筆寫下第一句：「與其
說是我發現牠們，倒不如說是牠們擄獲我，要我為牠們
記下這正在發生以及即將發生的事。」

❷ 一個生物老師，為了找出答案，放棄人人稱羨的安穩教
職，投入人生最精華的二十三年，往來南北，翻山越
嶺，追著老鷹跑。紀錄片「老鷹想飛」導演梁皆得耗時
二十三年，拍下「老鷹先生」沈振中為了追尋黑鳶而放
棄教職的故事，傳遞「救老鷹也是救人類自己。」

❸ 老爺大酒店集團執行長沈方正提醒我們：好故事，巧商
機。故事行銷讓生硬的環境議題，擴大成為生產者與一
般消費者都能具體參與的行動。許多企業多除了包場欣
賞「老鷹想飛」，期待喚醒民眾對台灣土壤生態平衡的

重現。全聯董事長徐重仁更是大膽契作「友善農作」紅豆田，順勢推出老鷹紅豆麵包與老鷹紅豆銅鑼燒。令人莞爾的是，這也引來競爭對手家樂福與屏東紅豆農家契作「小鷹紅豆」互打擂臺。故事行銷力，真的發酵！

❹ 故事，說出影響力！這是一個不斷說服的年代。主管說服部屬、行銷人員說服客戶、老闆說服員工、政府說服人民、父母說服兒女、過程也可能是反向相對說服。說服過程不外乎兩件事：說故事、賣東西。說服需要方法，這種先說故事，再講道理的方法：以一則真誠的故事打開對方心防，或運用簡單的實例說明、類比和比喻，在對方心中清楚呈現圖像，對方自然樂意和你對話，並向他人傳揚，這種說服技巧稱為—「故事行銷法」（story marketing）。

| 故事行銷可以破除障礙，建立信任關係 |

故事可以行銷產品或服務

故事可以闡述理念·抱負

故事可以彰顯人格·形象

故事可以建立組織文化

阿嬤，我要嫁尪啊！

（宜蘭餅的品牌故事）

任感可透過感性訴求：先從陽光般的微笑、專注的眼神接觸、傾聽的耳朵、會問問題的嘴巴、及一顆真誠關心客戶的心，與他們建立情感的連結。

● ● ●

有時烏雲蔽日遮望眼，接著就是暴風雨前的閃電和雷鳴。就算是在驚濤駭浪的風雨中，我還是會對自己說：「雨過，總會天晴」！

二〇一一年我受邀於宜蘭縣政府，擔任「說故事行銷」講座，輔導在地觀光工廠的計畫，引導學員透過說出自己的品牌故事。一位學員寫出「宜蘭餅」的品牌故事：

阿嬤！我要嫁尪啊……。

早期物資缺乏的年代，要吃到一塊餅、一口麵包都算是奢侈，更別說是包著油滋滋肉角的大餅，所以當年阿嬤出閣時既沒宴客也沒分送大餅，只是默默地跟著阿公從宜蘭遠嫁到高雄；民國百年的夏天，我拎著各家的試吃喜餅，走進家門，撒嬌地嚷嚷著──「阿嬤！您甲意呷哪一種？」只見阿嬤毫不考慮便拿起了牛舌餅，張口咬下的那一剎，阿嬤的淚從眼角悄悄滑落，我便暗自決定要帶阿嬤走一遭宜蘭……。

宜蘭在地情、盡在宜蘭餅

「阿嬤！咱要去宜蘭看喜餅，您要跟阮通齊去喔！」由於考慮阿嬤的身體狀況，體貼的『他』建議大家搭高鐵，兩個半小時後，我們一群人浩浩蕩蕩抵達阿嬤的故鄉──宜蘭。

來到宜蘭餅總店，一踏進店裡，門市小姐小青便熱情地招呼著我們喫茶，並且親切地切著各式古早或是改良過的中式喜餅給我們試吃，阿嬤開心地邊吃邊細數著在宜蘭的童年往事，聊著聊著阿嬤忽然感慨了起來：「呷老就無路用，全組攏壞了了，乎醫生講嘎蝦咪攏未駛呷！」我

告訴小青阿嬤有糖尿病，不可以吃糖份高的食物，小青微笑地說：「阿嬤勿要緊，阮的餅用的是海藻糖，糖份只有一般糖的三分之一，牛奶麻是用天然耶，您做您放心嘎呷」，阿嬤露出滿意的笑容，大口咬了手中鬆軟香甜的餅，看著阿嬤一臉的滿足，我肯定了自己的選擇。

阮甲尚好耶獻給她

訂婚那天祭祖時，阿嬤喃喃地告訴祖先：「今天咱小茹要訂婚囉！她選的是阮宜蘭故鄉耶餅，勁～好呷！祖先恁鋀要甲伊保佑，嫁到好尫，幸福一世人喔！」

鹹鹹的淚水伴著甜甜的心情與深深的不捨從我臉頰滴落，腦海中響起的是那首充滿溫情的歌：「細漢仔時陣阿嬤對我尚好，甲尚好的東西隴會留乎我，大漢了後，伊煩惱阮嫁了好不好？」今天我要出嫁了，很開心能將最甜蜜的回憶和最美味的餅獻給最疼愛我的阿嬤，阿嬤您放心，我已經是最幸福快樂的新嫁娘了，您也要長命百歲等著做「阿祖」喔！

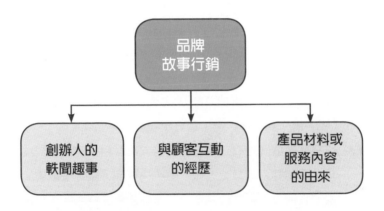

❶ 「宜蘭餅」評點：

故事情境營造極佳，本土用語討喜親切。

第一段引爆點運用「時間軸」對比：當年阿嬤出閣與百年夏天我要嫁尪；引出試吃喜餅的主題。情感描繪深刻，情景描繪鮮明，埋下引人入勝，一探究竟的慾望。

第二段的轉折點精鍊，將阿嬤有糖尿病，不可以吃糖份高的食物與產品的獨特賣點USP（unique selling proposition）：「阿嬤勿要緊，阮的餅用的是海藻糖，糖份只有一般糖的三分之一，牛奶麻是用天然耶，您做您放心嘎呷」做了很好的關連性連結。

第三段的價值啟發點動之以情，「感性情懷」的鋪

陳（如：訂婚那天祭祖時阿嬤喃喃地告訴祖先：「今天咱小茹要訂婚囉！她選的是阮宜蘭故鄉耶餅，勁～好呷！祖先恁鋐要甲伊保佑，嫁到好尪，幸福一世人喔！」）。做了完美的 happy ending. 此故事行銷手法以「時間、空間、人物」的情境娓娓道來商品的「感動力」，在看故事的當下，人們運用想像力刺激五感（視、聽、觸、味、嗅）的真實體驗（Authenticity）。

❷ 說故事喚醒同理心，讓行銷業務人員運用傾聽與詢問技巧，探詢客戶的類型，如：輕鬆快速型、關係型顧客、撿便宜的人、喜歡計畫型。並了解客戶回應方式，克服拒絕的恐懼，如：粗魯、漠不關心、懷疑、有興趣、不確定、拒絕。信任感可透過理性訴求：強調商品的特色、利益、功能、性價比等。也可透過感性驅動駕馭理性，創造內心感動：以故事隱喻鋪陳，提高產品價值；透過故事拉近與客戶的距離。

❸ 有一家「關貿網路」企業，即以客服人員服務客戶為例，將與顧客互動過程中的「深刻經驗」編輯成冊，做為故事源，例舉一些故事標題如下：

「選擇是一種勇氣」、「因為您，讓我的存在變得更有價值」、「感動，其實可以隨手可得」、「您的信賴，讓我們更加優秀」、「先感動自己，再感動客戶」、「客訴變感動」、「專業帶來信任」、「五心創造感動（細心／愛

心／耐心／關心／平常心）」、「客戶的事就是我（們）的事」、「因為傾聽，所以信任」、「勿忘初衷，保持熱情」、「遲來的肯定」。我們可以學習仿照這些例子，為故事主題定調，意即用一句話，凸顯「價值啟發點」。

解決事情之前,先處理心情（鷸蚌相爭）

民之所欲,常在我心。頂尖業務懂得辨識顧客的個性和人格特質,先傾聽和詢問顧客關切事項,聽出弦外之音,讓客戶信任你。

●　　●　　●

少年的我對世界說:「我迎著希望來了」;中年的我對世界說:「我懷著熱情澎湃」;老年的我對世界說:「我想著滿是感恩」。

二〇一五年九月，時序過了白露，尚未見秋的涼意，反倒是秋老虎不斷地發威。我受邀某金融保險公司，為他們全省約八百位保險業務主管及資深同仁，進行北中南高雄等四地的演講，題目是：「說故事的銷售力」。在開場的時候，我先說了一個故事作為引導：

　　在一個多陽光的午後，有一隻河蚌，走在河畔，伸伸懶腰，正準備張開蚌殼曬日光浴。這時忽然飛來一隻鷸鳥（嘴巴尖尖長長的），看到河蚌鮮美多汁的蚌肉，心想好一頓豐盛的午餐，因此想啄食牠的肉。河蚌也非省油的燈，馬上將蚌殼合上，就把鷸嘴緊緊地箝住了。

　　兩者相持不下，河蚌揣思：「你休想佔我便宜！我今天不把蚌殼張開，明天也不把蚌殼張開，我將看到沙灘上有一隻死鷸。」

　　鷸鳥也心想：「要是今天不下雨，明天不下雨，我將看到沙灘上有一隻渴死的河蚌。」正當雙方仍在相持不下之際，有個漁翁經過，正好將牠倆一起打包外帶，一網成擒了。

　　故事說完後，我詢問學員這個「鷸蚌相爭」故事的省思。某甲學員舉手說：

　　這個「鷸蚌相爭」故事，可以隱喻一種「溝通障礙」——只顧自己的利益和立場，一股腦兒的灌輸自己的想法

給對方，卻不管他人的想法和立場，最後結果是彼此沒有交集。

我給予他肯定，接著補充解釋：如果我們把常見的銷售行為，比做一種溝通的過程，那麼買方與賣方，就像鷸蚌相爭的過程：業務人員（賣方）就好比那隻鷸鳥，客戶（買方）就好比那隻河蚌。當業務人員（賣方）只考慮到自己立場與利益，專注於自家產品推廣，攻擊競爭對手產品，急於想要取得客戶（買方）的訂單（鮮美多汁的蚌肉），卻沒有思考如何站在顧客的利益與立場。顧客就會像那隻河蚌一樣，因為感受不到業務人員（賣方）是站在自己的需求思考，產生反感和壓力，抱持懷疑不信任的態度。結果會如何呢？

此時，學員頓悟而後領會——如果雙方相持不下，將無法營造有意義的對話，也無法達成銷售。

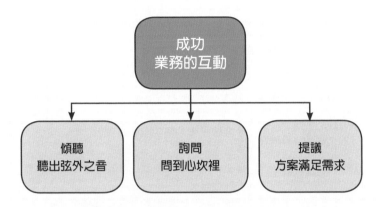

❶ 最成功的業務會先辨識客戶類型，扮演聰明的提問者和真誠的聽眾，進而引導客戶的需求，而非急於推銷特定商品。以金融商品為例：金融理專或保險業務人員的任務是將保險金融商品傳達給各式各樣客戶，而這些商品多少都帶有些風險，因此客戶在買單下訂的過程，是與你經歷一場「冒險之旅」。每一個保險理財的作為就是一則冒險故事，客戶為何在千萬人中選擇了你，作為他們的理專，無非是對你有一份「信任感」。

❷ 民之所欲，常在我心，先傾聽和詢問顧客關切的事項，聽出弦外之音。例如：通貨膨脹、課稅、不穩定的股市、投資失利、環境賀爾蒙、空氣污染、食品安全、工

作壓力、孩子的未來、家庭的幸福維繫、疾病預防、身體健康。

❸ 再以金融保險業的客戶為例，說明辨識客戶有兩種取向：一為背景屬性；二為人際風格。

一、背景屬性：社會新鮮人、新婚夫妻、為人父母、退休生活。舉例：聽顧客說故事，引導產品需求：

顧客背景屬性	顧客的故事：傾聽顧客現況與他們關切的事項
社會新鮮人	退伍、穩定收入、第一桶金、還本型意外傷害醫療保險
新婚夫妻	愛情長跑、夢想規劃、癌症低齡化、補強醫療保險缺口
為人父母	雙薪、兒子上幼稚園、第二胎計畫、教育費規劃
退休生活	三十年同學會、比較彼此的鮪魚肚、中年失業、想換老爺車、規劃有尊嚴的人生下半場

案例：透過詢問引導話題的延伸

您步入職場，一定渴望大展理想抱負而無後顧之憂，是嗎？

您新婚燕爾，一定盼望享受甜蜜兩人世界沒有負擔，是嗎？

您迎接新生，一定希望為人父母單純喜悅拋開煩憂，是嗎？

您退休樂活，一定渴望築夢踏實而完美精彩實現，是嗎？

二、人際風格：表現型、友善型、分析型、控制型。依據人際風格，尋找導入商品手法，例舉如下：

A. 表現型特質：幻想、創意、充滿熱情。

　導入商品手法：讚之以詞，介紹退休理財規劃商品：沒有事先準備，何來安可（Encore）演出！

B. 友善型特質：注重人際關係，喜愛和諧。

　導入商品手法：動之以情，介紹線上投保旅平險。

C. 分析型特質：要求精準性、冷靜而理智、謹慎。

　導入商品手法：說之以理，介紹轉帳繳交保險費可享有百分之一優惠。

D. 控制型特質：自信、富冒險性，競爭力強。

　導入商品手法：導之以利，介紹美元增額還本終身保險。

金蘋果銷售魔法

（善用比喻，製造「聯想畫面」）

善於說故事的業務人員，會運用真誠的故事或簡單的實例說明、類比和比喻，打開客戶的心防，在客戶心中清楚呈現圖像。客戶自然樂意和你對話，並向親朋好友推薦。這種銷售技巧稱為——故事行銷法。

●　　●　　●

群星閃爍的夜空總像是千萬個智慧老人，對我訴說他們成功與失敗的經驗。鼓勵我要：唱自己的歌，做自己的夢，持續發光如星。

當你在銷售產品之前，先懂得你所擁有的東西對別人有什麼價值，那麼原本平淡無奇的產品，也可能跟金蘋果一樣有價值。

——全美知名銷售訓練專家凱西‧愛倫森（Kathy Aaronson）

凱西‧倫森懂得為產品找一個成功的故事，看看她的「金蘋果銷售魔法」：

有一個八歲的美國小女孩凱西，小時候住在新罕普什爾州的偏遠農莊，父母親忙於工作無暇陪她玩耍。因為她太寂寞了，於是就爬上曳引機，開著到附近的鄰居家裡找同伴玩耍。凱西只是想找同伴，不想被困在這個農莊裡，卻不知道一路上她把田裡的許多農作物都壓毀了。

過不久她又突發奇想，把田裡種的紅蘿蔔和蕃茄整理好，在路邊擺了一個攤子準備販售這些農產品。凱西為攤子取了一個名稱：快樂農園。

學校老師幫助她做了五個又大又重的「招牌」放在路邊，上面分別畫上一種蔬菜和簡單的文字：

第一塊招牌畫了一種蔬菜，寫著：「胡蘿蔔」

第二塊招牌畫了一種蔬菜，寫著：「新鮮的蕃茄」

第三塊招牌畫了一種蔬菜，寫著：「小黃瓜」

第四塊招牌寫了一句話：「新鮮的農產品，還有四分之一英哩」

第五塊招牌畫了一個太陽，並寫著：「愉快就在轉角處」

　　於是開車經過的客人紛紛好奇，把車速放慢，搖下車窗，走下車，來到凱西的農園。當客人看到有些農產品形狀奇特，和一般印象不同，例如歪七扭八的胡蘿蔔，或有疙瘩的蕃茄，表情起先是疑惑，會驚呼：「這條紅蘿蔔好像兔子！」凱西立刻天真的告訴客人，這種胡蘿蔔形狀奇怪像兔子，是因為當初的種子是一百多年前，從法國飄洋過海來的。

　　凱西自信滿滿的告訴客人，前幾天如何幫助媽媽採收、清洗，及前一晚剛在晚餐桌上吃著媽媽烹調出這些美味佳餚的故事。凱西還睜大眼睛，向客人強調，這種胡蘿蔔是百分之百在這裡成長的天然食品，除了水、陽光和田地裡肥沃的土壤之外，沒有添加任何東西。

　　於是許多客人紛紛購買這些形狀奇特，卻有著「故事」的蔬菜。這些客人也週復一週地來到「快樂農園」的小攤子，找尋不同的鄉村體驗。

　　凱西十八歲到紐約工作，起先任職一家小廣告公司，後來她聽到當時的時尚雜誌《大都會雜誌》在徵廣告業務，卻很少雇用年輕的女性業務，因此她決定用一種與眾不同、別出心裁的方式，爭取面試機會。

　　她再次想到童年時利用「路障」的方法。首先她到

Dunhill 雪茄店買了四支「it's a girl」品牌的雪茄，用金色彩帶及黑色漆皮盒包裝好後，輪流寄出，一次寄送一盒給《大都會雜誌》的發行人。

第一天第一個盒裡，只有一支雪茄及一張卡片，寫著：it's a girl。

第二天第二個盒裡，只有一支雪茄及一張便條紙，寫著：她是大都會的女孩。

第三天第三個盒裡，只有一支雪茄及一張便條紙，寫著：她的名字叫⋯⋯

第四天第四個盒裡，只有一支雪茄及一張卡片，卡片寫著她的名字：凱西・艾倫森。

最後，她得到了工作，而同時期有大約兩百人與她一同競爭面試。

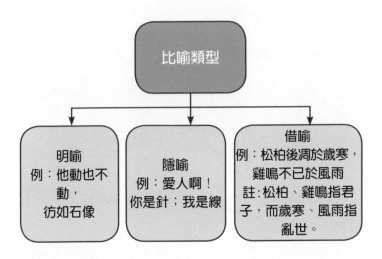

比喻類型

明喻
例：他動也不
動，
彷如石像

隱喻
例：愛人啊！
你是針；我是線

借喻
例：松柏後凋於歲寒，
雞鳴不已於風雨
註：松柏、雞鳴指君
子，而歲寒、風雨指
亂世。

❶ 一個八歲不甘於寂寞的美國小女孩凱西，她懂得利用五
塊招牌當作「路障」，讓經過的客人停下來，讓人慢下
來，進入故事的情境。五塊招牌傳遞著下面的意義：
一、引起旁人（顧客）注意。二、讓他們慢下來。三、
引發他們的興趣。四、讓他們考慮我賣的東西。五、承
諾愉快的體驗。

❷ 凱西在銷售一項產品時，懂得用「說故事」來包裝，讓
那些原本平淡無奇甚至是歪七扭八的蔬菜，因故事而變
得有意思。

❸ 善用比喻，可製造「聯想畫面」。如余光中的新詩《鄉愁》：

「小時候，鄉愁是一枚小小的郵票，我在這頭，母親在那頭；長大後，鄉愁是一張窄窄的船票，我在這頭，新娘在那頭；後來啊，鄉愁是一方矮矮的墳墓，我在外頭，母親在裡頭；而現在，鄉愁是一灣淺淺的海峽，我在這一頭，大陸在那頭。」

❹ 用比喻協助銷售，讓客戶有感覺。適當的比喻，喚醒適當的情感，讓決定變得容易，讓客戶憑直覺達成交易。例舉運用「不安危機」與「光明希望」兩種比喻。

　a.『不安危機』的比喻：

　　大野狼侵入三隻小豬不牢靠的房舍、搖搖欲墜的老舊危樓、土石流危害的鬆軟山坡地、缺乏牢固鋼纜的電梯、颱風天把持不住的小雨傘、缺乏安全氣囊與 GPS 導航的車子。

　b.『光明希望』的比喻：

　　有計畫的栽種樹苗（定期灌溉與施肥）、茫茫大海中的燈塔、高爾夫球場上果嶺上的旗竿、肥沃土地、的預期農作物豐收、構建資產的穩健金字塔、大雨來的避風港、穩健城堡與護城河。

傾聽他人故事，流露同理關懷

（席夢思──美好睡眠，活力充電）

頂尖業務懂得向客戶問「對」的問題，並在詢問過程中，「聽出」客戶的故事，進行後續對話交流。客戶的故事讓我們瞭解背後的理由，當業務流露同理關懷，提出價值建議，客戶自然樂於買單。

• • •

群山教會我謙虛，深海教會我包容，星空教會我沈思，太陽教會我熱情，這些都是大自然教會我的事。

席夢思「床邊故事篇」微電影——「睡前和最親愛的人說說話」。

劇情描寫一對夫妻，太太小玲忙於會計師事務所工作，常常晚歸，小孩小凱常常在睡前等不到媽媽。一天小玲晚歸，在沙發上疲倦坐著，看到先生留一張字條「我留了雞湯給妳，記得熱來喝」。此刻小凱醒來黏著媽媽，要她講故事。於是小玲盡量排除萬難，在床邊跟小凱說故事，先生看著小玲和小凱愉悅溫馨的床邊互動，深覺在睡前和最親愛的人說說話，是很幸福的。

微電影傳遞：片刻的放鬆與分享，培養你和家人間最親密的感情。睡前說說話是美夢的開始—美好睡眠，活力充電。

二〇一六年八月，我受邀擔任「故事銷售」培訓講師，學員皆為第一線業務人員。我請學員思考與不同顧客的「互動對話」過程，發掘促進成交的契機。學員案例發表中，我們探討如何以詢問對話方式，問出好業績。

頂尖業務的成功關鍵，他們不是傳統印象中的「說話」高手，而是「問話」高手，是他們向客戶問對了問題。頂尖業務懂得向客戶問「對」的問題，並在詢問過程中，「聽出」客戶的故事，進行後續對話交流。客戶的故事讓我們瞭解背後的理由，當業務流露同理關懷，提出價值建議，客戶自然樂於買單。

我將詢問方式可以歸納為四種類型:「背景／寒暄詢問」、「動機詢問」、「風險詢問」、「解決詢問」。分別模擬三種顧客情境,為學員示範與客戶的問話型態:

　　案例一:(太太小玲忙於會計師事務所工作,常常晚歸,孩子小凱常常在睡前等不到媽媽)

　　「背景／寒暄詢問」:小姐您工作很忙嗎? 平常下班很晚嗎?

　　「動機詢問」:聽您提及孩子小凱目前五歲,睡前想聽媽媽說故事,是嗎?

　　「風險詢問」:小孩晚上睡不好,也影響妳們大人上班情緒,是嗎?

　　「解決對策詢問」:您想彌補一下親子關係,可考慮我們這個系列床墊:三環鋼弦獨立筒、負離子、涼感設計系統。因為類似您背景的許多客戶,用過評價都不錯。

　　案例二:(台南東區中年貴婦,女兒十二歲矯正側彎脊椎,希望孩子睡得安穩舒適)

　　「背景／寒暄詢問」:小姐您也住在東區××社區是嗎?

　　「動機詢問」:聽您說女兒小真,在十二歲動了脊椎側彎更正手術,是嗎?

　　「風險詢問」:的確,小孩配合手術治療,也要睡得安

穩舒適，否則效果打折是嗎？

「解決對策詢問」：妳想讓孩子睡得安穩舒適，有個好夢，奠定孩子敢於做夢的勇氣 啟發孩子的大創意！ 您可考慮我們的這個系列床墊，類似您背景的客戶，用過評價都不錯。

案例三：（中年大叔，他談到自己九十歲的媽媽半生辛勞，從沒有睡過一張好床。而今想幫媽媽圓夢，讓爸媽能躺在溫馨的床上手牽著手，度過愉快晚年）

「背景／寒暄詢問」：先生，您是要為爸媽看床嗎？聽您說九十歲的媽媽半生辛勞，從沒有睡過一張好床。

「動機詢問」：聽您說舊的床墊爬了好多小黑蟲，也睡了幾十年是嗎？

「風險詢問」：的確，塵蟎小蟲有害呼吸器官，您孝心感人，不想錯過即時行孝是嗎？

「解決對策詢問」：您想讓父母睡獨立筒和乳膠墊負離子，度過愉快晚年生活，您可考慮我們這個系列床墊，類似您背景的客戶，用過評價都不錯。

經過學員熱情演練，我們歸納「詢問與傾聽」的故事銷售，有三個效益：

a. 透過感性情懷的流露，開啟溝通對話，與客戶建立

正面穩固的人際關係。

　　b. 故事銷售方式簡單明瞭——運用比喻技巧簡化複雜的商品，累積客戶成交與未成交案例做為故事源。

　　c. 讓客戶感覺他們自己很重要，相信你所說的，進而成為你忠實顧客並用口碑傳揚你，幫你推薦顧客。

故事漣漪

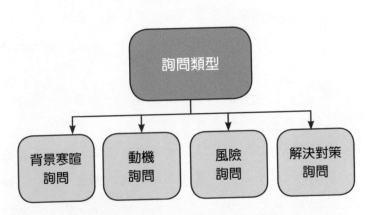

❶ 故事銷售影響力的循環圈：探索顧客情境與需求動機、運用類比隱喻或故事源對話、引導顧客的感性情懷。學習感性訴求的溝通，身為業務人員的我們就要先學習慢

下來。多聽多問，設身處地為對方（客戶）著想，才能看到每一個客戶他們脖子掛著的隱形招牌：「讓我感到自己很重要」。

❷ 進而再從客戶的故事或經歷中，引導商品需求。而業務的敲門磚就是說故事或是比喻、類比技巧。彼此用故事呼應故事，得以在「知識連結」之外，還能建立「情感連結」。

| 故事銷售的影響力 |

引導顧客的
感性情境

探索顧客情境
與動機需求

發掘故事源
或隱喻的對話

自己的牛奶自己救，白色的力量（群眾募資的故事行銷）

故事可以運用在群眾募資，行銷獨特理念，進而帶出商業模式、團隊與產品。故事行銷三部曲：說明人物與情境、描述衝突與問題、提出對策與價值。

● ● ●

東方發白的破曉時分，我沈浸在造物主創造天地萬物的的喜悅中。開始對擁有的一切感恩，對失去的一切警惕，準備認真活過每一天。

「在牧場裡，每天清晨五點，阿嘉需要把整隻手插進牛的肛門裡」，一個人來回奔波在充滿屎尿和泥巴的牧場，為數百隻牛隻做直腸觸診、接生、開刀程序等等。

阿嘉心想：「我堂堂一個大動物獸醫師，救得了牛、救不了奶，實在很不爽。」他就是龔建嘉，看到近年來酪農產業人口流失、不合理的產業現況，甚至民眾對鮮乳品質有疑慮，非常痛心！他不想要看到台灣酪農業變成夕陽產業，因為台灣的鮮乳真的很棒！

有一天凌晨三點多，阿嘉去農場，酪農早就醒了，起的比雞還要早，先要把牛餵飽。一個不多話的酪農對他說：阿嘉，你一定要加油，乎我們的未來有希望。於是二〇一五年四月，龔建嘉和夥伴，透過群眾募資共同創辦「鮮乳坊」，三天就募集超過一百萬元的門檻。

他希望以合理的收購價格，鼓勵酪農提高生產品質，進而促進產業升級，同時保障消費者飲用鮮乳的品質，提供給消費者「嚴選單一牧場」、「無添加無調整」、「獸醫現場把關」、「公平交易」的高優質鮮乳。

再一次，他要告訴大家：我們可以有其他的選擇。阿嘉說：「你註定要做一件，只有你能做的事情。我們要做的事情很簡單，我們要用自己的所學，來縮小一點點台灣的城鄉差距，那怕只有一公分也好。」

附記：

　　龔建嘉每天在牧場工作與酪農建立起深刻的革命情感，與他們就像家人一樣。阿嘉感概地說，這並不是一條多數獸醫師想走的路。他是龔建嘉，這輩子在別人眼中似乎總是不務正業的男人。

　　阿嘉的故事仍然在繼續：採奶時間一天兩次，一次早上，一次太陽下山時。一大清早起床到牧場，開始巡邏乳牛狀況，牧場跨的縣市從苗栗到屏東，一天跑的行程約四至六個牧場。大約晚上八至九點，回到住處才開始處理鮮乳坊的例行工作，例如臉書回文、其他行政事務。平均約凌晨一點多入睡。

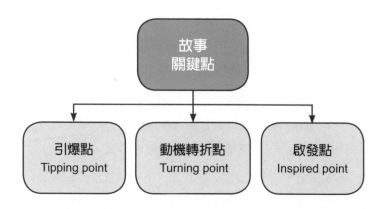

❶ 成功的群眾募資，就是要引起群眾的共鳴，藉由理性與感性的說服，刺激聽著的大腦採取行動。故事行銷就扮演重要角色，符合起、承、轉、合敘事要素：

起（創作動機）：看到近年來酪農產業人口流失、不合理的產業現況，甚至民眾對鮮乳品質有疑慮，非常痛心！他不想要看到台灣酪農業變成夕陽產業，因為台灣的鮮乳真的很棒！

承（開始創作）：一個獸醫師，他希望以合理的收購價格，鼓勵酪農提高生產品質，進而促進產業升級，同時保障消費者飲用鮮乳的品質，提供給消費者「嚴選單一牧場」、「無添加無調整」、「獸醫現場把關」、「公平交

易」的高優質鮮乳。

轉（遭遇困境）：在牧場裡，每天清晨五點，阿嘉需要把整隻手插進牛的肛門裡，一個人來回奔波在充滿屎尿和泥巴的牧場，為數百隻牛隻做直腸觸診、接生、開刀程序等等。有一天，一個不多話的酪農對他說：阿嘉，你一定要加油，乎我們的未來有希望。

合（成功解決）：龔建嘉和夥伴，透過群眾募資共同創辦「鮮乳坊」。選擇透過群眾募資的方式，借助眾人的力量完成夢想。

❷ 吸引人的起、承、轉造就了成功的合，這就是成功的故事行銷。

故事啟迪：你註定要做一件只有你能做的事情。冀望，我們用消費的力量，給酪農支持，同時改變乳業生態！這一次，你可以有機會，驕傲地和朋友說：「改變台灣的牛奶，我也有出一份力！」

故事刺激五感，發揮文創的力量：二〇一〇年四月六日，一群小夥伴，大家一起喝了碗小米粥，一家叫"小米"的小公司就悄然開張⋯⋯。這是中國大陸小米公司創始人、董事長兼CEO雷軍。在微博上寫道，幾位創始人一起喝了碗小米粥，就開始了艱難的創業。當小米成立六周年，雷軍還回憶當年喝小米粥創業的情景，這個故事也被津津樂道傳頌。

❸ 故事刺激了人的五感：視、聽、觸、嗅、味覺：讓聽者彷彿看到、聽到、聞到、摸到、嚐到故事中的情境變化。再舉二〇〇六年魏德聖為拍攝《海角七號》劇情的需要，商請南投縣信義鄉農會研發一種「有點俗、有點可愛，且具有在地感」的酒品，於是該單位以一個月的時間進行研發，推出名為「馬拉桑」的小米酒品牌，「馬拉桑」的小米酒我們彷彿聞到陣陣酒香。

| 故事刺激五感，發揮文創的力量 |

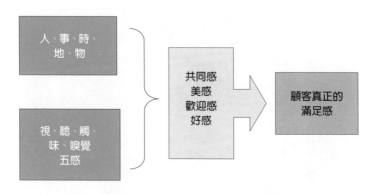

在文創產業中融入感官、情感、故事等行銷元素

《不萊梅大樂隊》

（童話故事中的自我激勵）

童話故事神奇瑰麗而富有想像力。不要忘了，聽完故事，要聽出故事中的同理心、幽默感和正向思維，展現在現實生活中。

• • •

自律的習慣是我成長的實力。等待風雲際會的時機來臨時，將會匯聚成一股強大的力量，將我推向發光發熱的舞台。

一隻驢子長年為主人辛勤工作，如今年老體衰，主人打算把牠賣掉。於是有天晚上，驢子找了機會逃出來。

　　一路上，驢子相繼遇見了被主人嫌棄的獵犬、老貓和公雞：因為獵犬不夠敏捷，老貓沒有用處，公雞啼叫不夠響亮。驢子提議何不到不萊梅鎮，那裡充滿著音樂與歡樂。於是四隻動物衡量著自己對音樂的才能和喜好，決定組成「不萊梅大樂隊」，結伴到不萊梅鎮當音樂家，準備過著自由快樂的生活。

　　當夜色來臨，四個同伴來到樹林邊，發現不遠處有間屋子亮著光，大夥湊近一看，發現屋子裡有一群強盜正吃喝著美酒佳餚。驢子想出了一個辦法，於是連同三個夥伴堆疊起來蓋上白布，佯裝體型高大的怪物，嚇走了強盜。

　　當牠們利用機智趕走了強盜後，就興高采烈進屋子裡飽餐一頓。從此他們這個「不萊梅大樂隊」每天彈奏著歡樂的音符，過著自由快樂的生活。

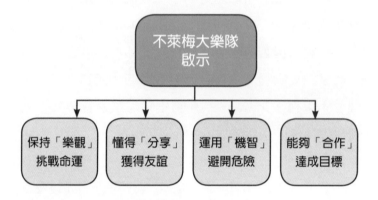

❶ 這故事是源自於《格林童話》的《不萊梅大樂隊》。當你去德國不萊梅（Bremen）城市時，就會看到一個有趣雕像：驢子、狗、貓、公雞，四隻動物堆疊起來。去年我的外甥女去不萊梅時，也買了這張「不萊梅大樂隊」明信片送給我。

❷ 聽故事就好像「瞎子摸象」，每個人的領會解讀不同，我摸到的啟示是：創造自己的價值。雖然我不知道「不萊梅大樂隊」最後有沒有去不萊梅，但顯然他們在旅途中，實踐了自我價值，創造了團隊績效。雖然四個動物的主人嫌棄牠們，但只要自己不嫌棄自己，拿出勇氣，並透過分享、利他與合作的精神，彼此激勵，發揮各自

的長才，仍能實現夢想。

❸ 多多閱讀童話故事，激發想像力，如：《格林童話》和
《安徒生童話》。《格林童話》產生於十九世紀初，是由
德國的格林兄弟兩人，歷經數十年，廣泛蒐集民間流傳
的童話故事和古老傳說，其中以《白雪公主》、《青蛙
王子》、《小紅帽》、《灰姑娘》、《睡美人》、《穿靴子的
貓》、《不萊梅大樂隊》等最為人知曉。

《五顆豌豆》

（童話故事中的正向啟發）

王子和公主不一定有快樂的結局，但仍要有奮勇昂揚的鬥志去迎接明天的來臨。透過聽故事的角色與情節，發現自己並非最可憐的，因為故事中的人物也和我們一樣，遭遇著類似的問題。

● ● ●

河流看見海洋的廣闊，小草見識森林的繁茂，我不只要長大，還要懂得包容和謙虛。

在一個豆莢裡，長著五顆豌豆。豆子是綠色的，豆莢也是綠色的，因此，豌豆們以為全世界都是綠色的。

當豆莢愈來愈大，豌豆也跟著長大了，它們在豆莢裡都很守規矩，整齊的排成一行。但是，長大後的五顆豌豆蠢蠢欲動，都想要有一番作為。有一天，一個小男孩在陽光下看見這個豆莢，就撿起他們，把五顆豌豆放在空氣槍裡當作子彈。

第一顆豌豆被裝進槍管裡，「砰！」的一聲射出後，歡呼地說：「哇！我馬上要到廣大的世界去了，看你們誰能跟得上我？」第一顆豌豆說著，就消失的無影無蹤。

小男孩問第二顆豌豆說：「你要去哪裡？」

豌豆說：「我要飛向太陽」，於是第二顆豌豆就邊叫著，邊飛走了。

第三顆、第四顆豌豆怕被射出去，竟悄悄地從豆莢裡溜走了。

小男孩拿出第五顆豌豆問：「你想到哪裡去啊？」

豌豆說：「我想要飛到能為別人帶來快樂的地方」

小男孩說：「只有你最關心別人」

小男孩一扣扳機，第五顆豌豆就落到一個窗台的花盆上。

那是一戶窮人家，一位媽媽帶著一位生病一年多的女兒。小女孩看起來身體虛弱且十分可憐。這天，當媽媽獨

自去幹活，孤獨的小女孩躺在床上，發現花盆裡長出一棵小嫩芽。當太陽照進來，伴著微風，小嫩芽舒展自己的葉子，彷彿在跳舞，也彷彿在告訴小女孩，妳的病會好起來的。

晚上媽媽回來，小女孩說：「媽媽，今天我發現花盆裡長出一棵小嫩芽。」

媽媽一看，原來是一棵豌豆苗。她又問小女孩：「今天感覺好些了嗎？」

小女孩說：「今天太陽照在我身上，溫暖又舒服。小嫩芽說我一定會好起來的」

媽媽高興地說：「但願我的女兒能像這棵豌豆苗，歡欣快樂地成長」。於是媽媽拿 一根小竹竿支撐著，又拿一根線纏繞著它，讓它可以向上生長。

從此，小女孩每天陪著豌豆苗說話，和它唱歌，豌豆苗一天一天長大，小女孩的病也一天一天的好起來。

終於，有一天豌豆苗開花了！粉紅色的花瓣，鮮豔美麗極了。小女孩臉上泛著健康的笑容，快樂的親吻它。媽媽高興的說：「非常感謝你啊，你就是上帝派來的美麗天使—豌豆花，幫助我女兒戰勝了病魔，恢復了健康。」

有一天，當那個玩空氣槍的小男孩經過窗台時，豌豆苗輕輕地搖了搖枝條對小男孩說：「嗨！你看，我終於實現自己的諾言了，我是最幸福的豌豆花！」

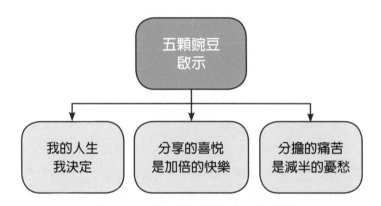

① 這故事是源自於《安徒生童話》的《五顆豌豆》。兒童心理學家布魯諾‧貝托罕姆（Bruno Bettelheim）認為：「在童話中，假借故事中的角色與情節，呈現在讀者面前。」我很喜歡故事中的「情緒字眼」如：蠢蠢欲動、歡呼地說、悄悄地、溫暖又舒服、高興地、歡欣快樂、笑容、快樂地、最幸福的。這些字眼讓聽故事人的感性情懷，也隨之被牽動。

② 故事中豌豆苗告訴小女孩說，她的病會好起來的。而小女孩的病也一天一天的好起來，臉上泛著健康的笑容，快樂的親吻豌豆苗。對比自己的一段心路歷程，比如：十年前轉換跑道，踏入培訓講師生涯，不就像那「第五

顆豌豆」蓄勢待發，勇敢飛出，準備去做些美好遠大的事情嗎？ 我在飛出的時刻，也告訴自己：我的人生，我決定。做自己喜歡的事情，最容易樂在其中。

❸ 故事可以呼應故事，展現相同價值觀。分享我很喜歡『三棵樹』故事，多次改編為音樂劇：

從前有三棵樹：橄欖樹、櫟樹和松樹，每一棵樹對自己的未來都有一個美夢。

橄欖樹希望將來能成為一個精緻的珠寶盒，裡面裝著各樣珍貴的金銀珠寶。有一天，一個木匠來了，從森林眾多樹木中挑選了這棵橄欖樹，橄欖樹好興奮，希望木匠將自己打造成美麗的珠寶盒。然而，木匠把它變成一個馬槽，盛裝各種難聞的動物飼料。橄欖樹的心碎了，它覺得自己毫不起眼，沒有價值。

第二棵櫟樹，希望自己將來能變成一艘大船，載著國王到世界各地遊歷。當木匠砍下它時，它興奮又期待。但木匠把它做成了一隻小小的漁船。櫟樹好傷心，好失望。

第三棵松樹，一直長在山巔，它唯一的夢想就是昂然矗立著，展現雄壯威武的英姿。然而，就在一瞬間，一道閃電使它轟然落地，木匠把它撿起來丟在廢木堆中。這三棵樹都覺得自己失去了價值，它們失望而沮喪，沒有一個夢想成真。

然而，上帝對這三棵樹卻有其他的計畫。多年之後，當馬利亞和約瑟即將生下小男嬰卻找不到容身處之際，他們來到一個馬廄，而當小小耶穌誕生時，他們將祂放在一個馬槽中─正是用那棵橄欖樹做成的馬槽！這棵橄欖樹原本希望能裝滿各種珍貴珠寶，然而上帝有更美好的計畫，讓它裝了最珍貴的至寶─上帝的兒子。幾年後，當耶穌長大，有一天祂需搭船渡到湖的那頭。祂沒有選華麗的大船，卻選了一艘小小的漁船─是那艘用櫟樹作成的小船。這棵櫟樹原本希望能帶著國王到處遊歷，而今上帝有更好的計畫，這棵櫟樹載的是萬王之王。

又過了三年，一天羅馬兵丁來到一堆廢木前翻翻找找。這棵松樹被選中了，心想著自己即將被燒了生火。然而，出乎它意料之外的是，這些兵丁只砍下自己兩段樹幹做成十字架，讓耶穌為愛世人而死在十字架上，三天後復活。這棵樹原本希望矗立山巔，如今見證了最偉大的事，對世人訴說上帝的愛與憐憫。

神對每個人的生命都有一個美好的計畫，遠超我們所見所想，如果願意打開心門認識耶穌，那美好的計畫就會在你我的生命中展開。

跳舞山羊咖啡

（品牌故事行銷的力量）

商品服務有水準，故事真誠不欺騙。故事行銷是
賦予產品意義、典故、歷史及人文意涵，使其與
顧客產生情感連結、想像與興趣。

● ● ●

當一個人被放在時間與空間的座標軸上，就自然寫
下了歷史和回憶。我可以創造不凡的歷史，在宇宙
之間留下美好的回憶和足跡。

那天偶然地走過街角，瞥見一間看似溫馨的咖啡廳，毫不猶豫的走進去，準備享受一個人浪漫幽靜的午後。隨性點了一杯「水洗耶加雪夫」單品咖啡，就找個安靜角落坐下。突然瞥見牆上一段醒目文字：「牧羊人上山趕羊，羊群中有幾頭山羊格外地興奮，像是在跳舞般；原來羊是吃了一種紅色果實。牧羊人隨手將果實丟進火堆，竟然冒出一種香氣，牧羊人將火烤後的果實，帶去給僧侶品嚐，並加入水沖煮，世界上第一杯咖啡就此誕生。」

　　這段莞爾文字引起我極大興趣，彷彿透露這家經營者對於咖啡的熱愛，從遠古到如今，蘊含「一往情深」的品牌精神。這段訴說咖啡緣起的文字，竟也讓我與之產生情感連結，從此愛上咖啡的熊熊烈火就此燃起。不多久也興沖沖帶著妻子再度光臨，分享「好東西與好朋友」的樂趣，並萌生自己在家手沖咖啡「DIY動手做」的意念。

　　接下來的日子，就讓啜飲一杯咖啡揭開一天序幕。每當喝了，似乎有種魔力讓心情開朗，好像跳舞山羊一般，活力洋溢，精力倍增，準備迎接一天的奇幻冒險之旅。此外，開始和妻子一起進入手沖咖啡「動手做」的堂奧：從挑選適合自己口味的咖啡豆品種、磨豆的粗細度、注水過程如何拿捏斷水時間、燜蒸程度、乃至咖啡濾杯與濾紙的選購等，就在這個過程中，找到夫唱婦隨的共同話題，順便偷偷自封「咖啡達人」頭銜，享受自我感覺良好的樂趣。

而在選購咖啡豆的過程中，也認識一些有識之士與單位，不遺餘力地提倡公平貿易認證咖啡，旨在為發展中國家的咖啡生產小農，創造更公平的貿易條件及機會，以利於他們可以專心培育咖啡種植，並兼顧環保議題。更進一步了解「咖啡渣妙用法」：從基本的放冰箱除臭、渣的油脂防銹，或是拿來做環保肥料養盆栽、T恤等，充分發揮咖啡的剩餘價值。

　　品咖啡猶如品味人生。詩人鄭板橋說：「室雅無需大，花香不在多」。十笏茅齋，一方天井，修竹數竿，他就能享受：風中雨中有聲，日中月中有影，詩中酒中有情，閒中悶中有伴的優雅意境。我也附庸風雅，在喝咖啡的過程中，享受與妻子溫馨的對話，一起看著窗外，中庭栽種的植物，如桂花、玉蘭、小葉欖仁、黑板樹的生長變化。每當屋內品嚐烘焙度深淺不一、口味殊異的咖啡豆品種，如曼特寧、唐梅奧、花神、曼巴、薩摩達、耶加雪夫；也對比聯想四季更迭的不同況味，如：春天的百花綻放、夏天的酷暑難耐、秋天的蕭瑟落葉、冬天的寒意逼人。

　　望著手中那杯香氣四溢，剛沖泡完成的耶加雪夫咖啡，記憶又回到一年前初遇的那家咖啡店。曾有一位哲人說：「這個世界的動亂，是因為一個人總是無法好好地待在他自己的房間」。而藉著喝咖啡，在一方斗室內，細細品味人生，聆聽自己內心的真實聲音，也算是一種奢華的享受！

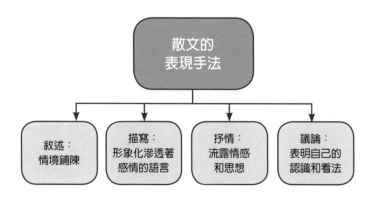

❶ 白居易説：「感人心者，莫先乎情，莫始乎言，莫切乎聲，莫深乎義。」能感化人心的事物，沒有比感情更為先的。散文故事的抒情、言語、聲調都能深化主題意涵，引起讀者強烈的共鳴。散文的藝術表現手法主要有四種：敘述、描寫、抒情、議論。

❷ 敘述是情境鋪陳：對人物、事件、環境所作的概括的説明和交代，如時間、地點、人物之間的關系和經歷、事件的進展、環境和擺設等等。

❸ 描寫是用形象化的、滲透著感情的語言，具體生動地人物（肖像、心理、語言、行動）描寫，環境（社會環境、自然環境）描寫。

❹ 抒情是對所描寫的事物有感觸而流露出來的情感和思想。直接抒情是通過議論和感歎方式來表達的；也可以寓情于景，叫作間接抒情。

❺ 議論是說道理，對所描寫的事物，直接表明自己的認識和看法。在文學作品中，議論往往與敘述、描寫、抒情交相並用，能起到強化主題、畫龍點睛的作用。

〔致謝〕

故事仍在發酵，
串連生命中的點滴！

　　活著的每一天，都是人性與價值觀的爭戰。二〇一七年在中國，《塑料王國》紀錄片，聚焦於一名十二歲的中國小女孩「依姐」，她的童年被來自世界的塑膠垃圾填滿。丟棄的法國礦泉水瓶、美國報紙、德國玩具，就是她的「王國」。《塑料王國》導演王久良：可怕的是有人選擇讓受害者繼續受害。

　　二〇一七年六月在台灣，《看見台灣》紀錄片導演齊柏林空難逝世，留下了未完成的《看見台灣二》，更留下紀錄片曾揭示的十六大環境議題。這個故事一直在發酵，看見台灣的環境危機問題，仍停留在「被看見」與「被解決」的路上，但已喚起更多良知與覺醒的靈魂。

　　回顧二〇一三年，《看見台灣》紀錄片首次上映，就已經揭示台灣濫墾濫伐與環境生態受到戕害的問題。齊導演拒絕使用無人機拍攝，似乎想要真切地看見台灣的美麗與哀愁。早在二〇〇六年美國前副總統高爾就曾透過《不願面對的真相》紀錄片，大聲疾呼全球暖化帶來的浩劫，

之後像接力賽跑般，陸續有二○○九年的《盧貝松之搶救地球》、二○一五年中國大陸柴靜的《穹頂之下—能還北京藍天嗎？》、二○一六年李奧納多的《洪水來臨前》，乃至二○一七年法總統馬克宏，以全球新氣候建置領導人之姿，宣布創建線上平台「一個星球峰會」One Planet Summit，誓言「讓地球再偉大」，皆不斷呼籲人類重視全球暖化的問題。

除了全球暖化、霾害空污議題，還有其他議題都值得我們關注，如：毒品進入校園、詐騙手法層出不窮、黑心食品氾濫蔓、戰爭殺戮、功利主義教育、金融銀行違法超貸洗錢、憂鬱症等文明病、失業、貧窮、剝奪感、疏離、羞辱、或缺乏未來希望的生活環境等。上述的議題隱患，如果我們持續視而不見、充耳不聞，屆時就會付出慘痛代價。

世事紛亂、人心惶惶，許多邪惡與罪惡的事情在蔓延；《聖經》彼得前書第五章第八節：「務要謹守、儆醒。你們的對頭魔鬼，如同吼叫的獅子，遍地遊行，尋找可吞喫的人」（我們若不肯謙卑，狂傲和憂慮會使我們成為撒但豐美的獵物，滿足那吼叫獅子的飢餓，被獅子所吞喫。）但即使在最壞的年代，也有最好的義行，仍有許多的光明與正義的故事在伸張。

從二○○八年至今，我先後完成有關故事領導、故

事激勵、故事行銷、故事建立團隊等著作，探索故事力在不同領域產生的影響力。本次出版也是對於生命中貴人，表達誠摯謝意。首先，感謝我的父母、岳父母、妻子Ruby、宏聲、宏慶，讓我無後顧之憂，投入講師培訓生涯，擇其所愛，愛其所選。

感謝本次出版梁芳春總監、林憶純主編的熱情協助，惠我良多。曾授課的企業與政府學校單位，包括：美商鄧白氏、京元電子、士林電機、關貿網路、哥倫美雅、第一銀行、捷時雅邁、昱臺國際、復興廣播電台、晶鑽生醫、遠銀國際租賃、三商美福、新代科技、特波國際、世達柏科技、威立顧問、敦陽科技、東元電機、欣中天然氣、宏亞食品、雅登廚具、大幃電子、佳霖科技、訊舟科技、康軒文教、長榮空廚、家扶中心、嘉事摩、仲博科技、高佳林、倫飛電腦、獅子會、扶輪社、資策會、職工福利、一〇四、交通部高工局、經濟部、法務部、林務局、桃園環保局、大園環保局、高雄市政府公務人力發展中心、金管會證期局、嘉義大學、交通部航港局等。

感謝業界朋友：、林文彬總經理、陳文生副總、徐賢斌老師、邱若梅小姐、葉開豪先生、馬正維主任、吳如珊董事、葉伊婷經理、楊語心小姐、洪寶山總裁、林泇萱秘書長、林奕君執行長、吳瑞麟副總、陳紹忠主任、楊照先生、陳美蓮女士、吳如珊女士、汪淑珍老師、黃雯欣

經理、傅馨巧經理、羅奇維經理、周鴻鈞主任、王廷驊主任、蔡文彬博士、蘇俊維老師、吳桂龍總經理、許耿豪專員、張嘉慧主任、趙格慕副課長、江德勤總監、趙日新副總、李惠蘭經理、楊美玲小姐、林根弘先生、劉信宏經理、王正華弟兄、葉瑀珊經理等。

他們都是我生命中的貴人，也是促成本書完成的內在激勵源，在此一併獻上我的誠摯感謝。

聽出故事的價值啟發點

　　故事主題都是根植於永恆的人性衝突和渴望，例如：莎士比亞的《羅密歐與茱麗葉》是堅真愛情、《哈姆雷特》是復仇、《奧塞羅》是嫉妒、《馬克白》是野心、《凱薩大帝》是背叛等。聆聽故事背後的心得或解讀意涵即「價值啟發點」。

　　精鍊摘要本書故事心得：用一句話，寫下聽完故事後的心得感想。

故事源——主題名稱／價值啟發點
第一章　聆聽內在聲音：人生即「故事」，故事即「人生」
1. 散步心靈學！
散步促動「快思慢想」：「快思」是靈感激盪，創意油然而生；「慢想」是行有不得，反躬自省，找到新（心）方向。
2. 我的「三星米其林」
平凡生活找出詩意美學，發掘生命中最重要的兩個女人：媽媽和妻子在烹飪廚藝的點滴。

3. 抬頭的天空，更遼闊

是你願意花在玫瑰花的時間，才讓玫瑰花變得更重要。重新提升人際關係信任的溫度。

4.「老萊子」五部曲

返老還童，和媽媽一起變老變好，享受純真歡笑。

5. 只有用心去看，才能看見一切

寧靜是最奢華的享受。真正重要的東西，只用眼睛是看不見的。

6. 自由書寫遣懷，美麗人生！

「存在性的相隨」讓自己獨處時不寂寞、痛苦時有宣洩、感觸時有紀錄，成為陪伴自己一生的隨身寶。

7. 耶誕狂想曲

不送禮物的聖誕老人，如何激勵他人呢？

8. 情牽琴師夢

人不癡情枉少年，狂者進取，狷者有所不為。年輕時的那段鏗鏘歲月，激起再做夢的勇氣。

9. 洋子的美麗回憶

世界雖不像童話故事中那樣美好，我們卻要有塑造美好故事的勇氣。

第二章　自我激勵：人生要活對故事，活出美好

10. 旅程見真情

嚶其鳴矣，求其友聲。與好友同行，才不覺路程遙遠，過程無趣，總覺得時光飛逝。

11. 迷糊在旅途

難得糊塗也是一種釋放，一種處事的哲學。

12. 乘著歌聲的翅膀

旋律中時而激越奔放、時而哀傷淒美，令人懷想如歌的歲月，更見豁達開朗。

13. 天涼好個秋

秋夜靜思，譜寫春花秋月、夏風冬雪，領略人生山峰與山谷的情境。

14. 吟風頌月，度中秋！

明月、醉月、殘月，月亮總是寂靜地傾聽人們的心語，月亮代表我的心。

15. 彩繪天地，人生樂無窮

當彩墨與心情齊飛，畫出人間天地真情，就浸淫快樂的心流。

16. 樂而忘憂，不知老之將至

智慧給了蒼蒼白髮，豁達寫下了深刻皺紋。

17. 不一樣的反省之旅

學不會的經驗，會一直付出慘痛的代價。

18. 飄雪的春天飄來愛！

寂寞的世人，總想找個能夠傾心吐意的傾聽者。如果還能得到安慰，更是喜出望外。

第三章　魅力領導：先説故事，再講道理

19. 共存共榮的團隊信任

成功又有效的領導在於：部屬滿意，績效卓越。團隊規範與紀律又是執行力的罩門。

20.一根鐵釘都不能少……品質是企業與組織的基石

你我都是那一根鐵釘，一根都不可少。你我都可在組織內，創造存在的價值。

21.高處不勝寒，雲深不知處（「毀」人不倦，還是「培育英才」）

高處不勝寒的主管，承上啟下。承上要勇於溝通，啟下要恩威並施。

22.馬壯車好，不如方向對（「牆上時鐘」v.s.「心中羅盤」）

「馬壯車好」的「忙、盲、茫」，容易陷入急迫性的偏執，不要成為自毀的行為。

23.榮耀與掌聲（肯定與讚美）

在這對立衝突嚴重的年代，讚美與肯定是一種高貴的奢侈品。

24.一樣的總機，不一樣的思維（當責與共好的執行力）

每天都是我的代表作。員工的言行舉止，體現公司文化的內涵。

25.大衛打敗歌利亞（勇氣，你的對手是恐懼）

勇氣絕非有勇無謀，背後還要有「智慧」和「熱情」，才能善用資源，以小博大。

26.齊魯夾谷會盟（察納雅言，上下情通達）

向上溝通過程要不斷勇於嘗試，找到適合的頻率，才能同頻共振、同質相吸。

27.商鞅變法（徙木立信，卻作法自斃）

情理法兼顧是專案任務成敗的鐵三角：人情、義理、法度。

第四章 故事行銷：心動，才會行動

28. 老鷹想飛（選議題、說故事、抓數據、講對策）

沒有人是永遠屹立不倒，只要發聲與堅持價值觀，小人物仍極具影響力。

29. 阿嬤 我要嫁尪啊！——顧客服務的品牌故事（宜蘭餅的故事）

故事賦予品牌生機，將獨特賣點置入行銷，增加人性化感覺。

30. 解決事情之前，先處理心情（鷸蚌相爭）

銷售產品之前，先銷售你自己。你自己也是獨特的品牌。

31. 金蘋果銷售魔法（善用比喻，創造聯想）

臉笑、嘴甜、腰軟、手腳快，真誠關心客戶的心，才能與顧客建立情感的連結。

32. 傾聽他人故事，流露同理關懷（席夢思——美好睡眠，活力充電）

人們希望被瞭解與關懷。同理心：穿著別人的鞋子，走一里的路。

33. 自己的牛奶自己救，白色的力量（鮮乳坊故事行銷案例）

If not me，who？捨我其誰 If not now，when？更待何時

34. 《不萊梅大樂隊》（童話故事中的正向思考）

擇其所愛，愛其所選，把自己當作績優股來經營。

35. 《五顆豌豆》（童話故事中的自我激勵）

踽踽獨行孤寂的道路，更需要奮勇昂揚的正向樂觀。

36. 跳舞山羊咖啡（品牌行銷的力量）

軼文、趣事不斷地傳揚，增加了品牌故事透過的親和力。

你試試看！

精鍊摘要本書故事心得，用一句話，寫下聽完故事後的心得感想：

故事源——主題名稱／價值啟發點
第一章　聆聽內在聲音：人生即「故事」，故事即「人生」
1. 散步心靈學！
2. 我的「三星米其林」
3. 抬頭的天空，更遼闊
4.「老萊子」五部曲
5. 只有用心去看，才能看見一切
6. 自由書寫遣懷，美麗人生！

7. 耶誕狂想曲
8. 情牽琴師夢
9. 洋子的美麗回憶
第二章　自我激勵：人生要活對故事，活出美好
10. 旅程見真情
11. 迷糊在旅途
12. 乘著歌聲的翅膀
13. 天涼好個秋
14. 吟風頌月，度中秋！

15. 彩繪天地，人生樂無窮
16. 樂而忘憂，不知老之將至
17. 不一樣的反省之旅
18. 飄雪的春天飄來愛！
第三章 魅力領導：先說故事，再講道理
19. 共存共榮的團隊信任
20. 一根鐵釘都不能少……
品質是企業與組織的基石
21. 高處不勝寒，雲深不知處（「毀」人不倦，還是「培育英才」）

29. 阿嬤 我要嫁尪啊！——顧客服務的品牌故事（宜蘭餅的故事）

30. 解決事情之前，先處理心情（鷸蚌相爭）

31. 金蘋果銷售魔法（善用比喻，創造聯想）

32. 傾聽他人故事，流露同理關懷（席夢思——美好睡眠，活力充電）

33. 自己的牛奶自己救，白色的力量—鮮乳坊故事行銷案例

34.《不萊梅大樂隊》—童話故事中的正向思考

35.《五顆豌豆》—童話故事中的自我激勵

36. 跳舞山羊咖啡—品牌行銷的力量

〔附錄二〕

故事圖卡——培育「希望種子」，點燃「夢想天燈」，看到「幸福彩虹」！

　　看圖說故事，圖像活化右腦的思維。利用圖卡引導你產生：有趣的情節，深刻的對話，說出另一個新奇的故事。故事圖卡的魔力在於：一種圖片，兩樣情懷，千般解讀，創造自己的生命故事。

●　　●　　●

　　「故事圖卡」的發想是緣於二〇一二年，我去新竹某科技大學講授人際溝通課程，學員來自大學部及研究所的學生。我擔心會不會台上熱、台下冷的情形，然而當我利用說故事及「故事圖卡」引導時，發現原本的擔憂是多慮的，「故事圖卡」可以激起不錯的學習效果。

　　「故事圖卡」（或生命故事卡）顧名思義是藉由圖案引發故事聯想。圖卡的正面是圖案，反面是一句激勵人心、正向思考的話語。可以利用圖像活化右腦的思維，引發天馬行空的聯想，產生一句心得感言或一個故事。再藉由圖

卡反面的激勵人心、正向思考的話語，做為故事的「價值啟發點」。「故事圖卡」可以重新梳理自己的生命故事、繪畫自己的生命藍圖。團體引導的方式有許多種：

1. **看圖隱喻**：每人心中選一張圖形卡片，用隱喻方式說出對於此張卡片的聯想意義，請他人猜猜看自己選的是哪一張。

2. **故事接龍**：將小組的卡片以任何順序方式排列組合，透過「腦力激盪」方式引發故事創作。

有一天凌晨四點我輾轉反側，內心思緒澎湃洶湧，難以入眠。索性起床在書桌前振筆疾書，寫了下面三套故事圖卡作為範例：培育「希望種子」，點燃「夢想天燈」，就會看到「幸福彩虹」！

培育希望種子，點燃夢想天燈，就會看到幸福彩虹！

「故事圖卡」使用説明：

三十六則故事圖卡文字內容，分別為三系列。每系列九張，正面是插圖的圖畫，背面是文字。一可作為老師授課時，教學引導想像力或隱喻教具，二可作為看圖說故事的引導工具，三可作為激勵人心的正向思考卡片。

我開始對於身邊的人、對於周遭的事、對於接觸的自然產生了興趣。於是我用眼睛的觀察,心靈的感受,情感的體悟去與他們展開對話。

夜的來臨,讓我懂得歇息,放慢腳步,享受一下白天得來不易的辛勤成果。

我終日尋找快樂,我終生探索幸福,我終於在成就自我,並激勵他人的過程中,找到答案。

寧靜是最奢華的享受。心靈時時滌盡塵埃,讓我擁有再出發的勇氣。

我們四面受壓，卻不被困住；出路絕了，卻非絕無出路；遭逼迫，卻不被撇棄；打倒了，卻不至滅亡。不要被歷史的包袱侷限住，要勇敢迎向世界，做一些美好偉大的事情。

我要走出舒適安逸圈，迎向變革。驅動力讓我超越現況，讓夢想變為可能。

美麗的鮮花是大地托住的；快樂的鳥群是森林托住的；我們的夢想是團隊托住的。

一條孤寂的溪流也會持續向著夢想奔流。一顆樹上的枝枒也會奮力向著自由舒展！因為總有一個日出之地，帶給人充滿希望。

我曾經熱切地尋索一對關懷的眼神，一雙歡迎的臂膀，一顆接納包容的心。我沒有失望，我終於在友誼的橋樑中找到。

我並不完美，但我擁有改變的力量。那是想像力、幽默感與同理心。還有面對挫敗的勇氣與揚帆再起的信心！

面對千重山、萬重水的阻隔，我帶著夢想的頭盔；信心的盾牌；行動的長矛，準備打一場美好的仗。

人心憂慮，使心消沉；一句良言，使心喜樂。憂傷的靈使骨枯乾，喜樂的心乃是良藥。

目標是一個有底線的夢想。我願意忍受孤寂與挫折，抗拒誘惑與不安，面對實際迎面而來的挑戰。

愛的相反不是仇恨而是冷漠。我要發揮同理心和幽默感，讓冷漠的冰山世界融冰。

世上只有兩種人：一種是活著；另一種是懷抱勇氣、勇敢活著。「勇氣」是面對恐懼、克服懷疑的行動能力。

當我開始放慢腳步，懂得觀察自然與欣賞他人時，我發現：天空的蔚藍、海洋的碧綠、蝴蝶的快樂、螞蟻的忙碌。

即使我沒有聰明的智慧，也沒有美麗俊俏的容顏，但是只有你懂得欣賞讚美我。謝謝你！

我問自己：當年華老去時，我何以為伴？我終於找到了答案：是回憶！是故事！是回憶中一個一個浮現的故事。人生即故事，故事即人生。

面對紛至沓來的資訊狂潮，要重新得力就在於擁有平靜安穩的心，才能如鷹展翅上騰。

挫折讓我懂得慢下腳步，逆境讓我虛心反省檢討。我沒有失敗，我只是暫時停止成功。

幽谷百合在荊棘中顯得獨特而美麗。我要在人云亦云的潮流中堅持「真、善、美」的價值觀。

湖水擁抱雨滴,泛起美麗漣漪;火柴親吻蠟燭,照亮滿室溫馨。我開始學習從關注自我轉移到關注他人。

對於生命我有很多的疑問,但是時間總是耐心的給我解答。因此我決定不再辜負時間。

我不知道風往哪一個方向吹?但我會享受每一個微風中的歌唱,清風下的明月,還有寒風中的跋涉。

天馬行空的想像帶我馳騁創意世界,靈光乍現的靈感是苦思後的回報。我擁有解決問題的創新思維。

心態改變,行為跟著改變;行為改變,習慣跟著改變;習慣改變,我的命運跟著改變。

雨過天晴的一道彩虹,喚起對於生命的謳歌與禮讚。彩虹的另一端總有無數的希望與夢想在漂浮。

當我學習把關注的焦點從自己的身上轉到他人的身上,我才能感受到那一份情真意切的情感流露。

有時烏雲蔽日遮望眼，接著就是暴風雨前的閃電和雷鳴。就算是在驚濤駭浪的風雨中，我還是會對自己說：「雨過，總會天晴」！

少年的我對世界說：「我迎著希望來了」；中年的我對世界說：「我懷著熱情澎湃」；老年的我對世界說：「我想著滿是感恩」。

群星閃爍的夜空總像是千萬個智慧老人，對我訴說他們成功與失敗的經驗。鼓勵我要：唱自己的歌，做自己的夢，持續發光如星。

群山教會我謙虛，深海教會我包容，星空教會我沈思，太陽教會我熱情，這些都是大自然教會我的事。

東方發白的破曉時分，我沈浸在造物主創造天地萬物的的喜悅中。開始對擁有的一切感恩，對失去的一切警惕，準備認真活過每一天。

自律的習慣是我成長的實力。等待風雲際會的時機來臨時，將會匯聚成一股強大的力量，將我推向發光發熱的舞台。

河流看見海洋的廣闊，小草見識森林的繁茂，我不只要長大，還要懂得包容和謙虛。

當一個人被放在時間與空間的座標軸上，就自然寫下了歷史和回憶。我可以創造不凡的歷史，在宇宙之間留下美好的回憶和足跡。

〔附錄三〕

故事錦囊

　　企業組織或政府單位，可以把服務顧客或民眾的故事案例，集結成為「故事錦囊」，持續不斷的蒐集並鼓勵這種方式，進而打造「說故事影響力」的組織文化。故事錦囊的三種型態：

　　一、創辦人軼聞趣事、親身經歷或是抱負、理念願景等，例如：

　　王品集團創辦人戴勝益：「十座大山、十大決策」從爬山的過程中制定出王品集團的詳細規範。勇於在樸實中做自己，用平等的心去對待任何一個人，才能打破階級所帶來的距離感，讓自己更加謙虛。

　　好樣集團執行長汪麗琴：從領一小時新台幣六十元時薪的工讀生做起，到被譽為「生活美學品牌的教母」，其他如85度Ｃ的吳政學、老爺大酒店集團執行長沈方正、中國順風速運王衛、鴻海集團郭台銘與日本軟體銀行孫正義的友誼等。

二、待客之道、或與顧客互動、體驗、超乎期待的驚喜服務（例如：台灣高鐵、宜蘭餅、海底撈、全聚德、亞都麗緻飯店、麗池酒店等）。

　　三、品牌、產品、材料的組成、意念或來源（例如：鼎泰豐小籠包黃金十八摺、薰衣草花園、春水堂珍珠奶茶等）。

故事錦囊工具：

故事錦囊的三種型態／故事敘述
創辦人軼聞趣事、親身經歷或是抱負、理念願景
待客之道、或與顧客互動、體驗、超乎期待的驚喜服務
品牌、產品、材料的組成、意念或來源

｜不斷從生活中觀察、紀錄、分享的循環｜

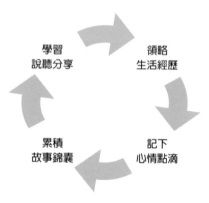

學習
說聽分享

領略
生活經歷

累積
故事錦囊

記下
心情點滴

觀成長 19

會說故事的巧實力

作　　者—張宏裕
繪　　者—張念璇
視覺設計—徐思文
內文排阪—李宜芝
主　　編—林憶純
行銷企劃—許文薰

第五編輯部總監—梁芳春
發 行 人 ——趙政岷
出 版 者 ——時報文化出版企業股份有限公司
　　　　　　10803台北市和平西路三段240號七樓
　　　　　　發行專線／（02）2306-6842
　　　　　　讀者服務專線／0800-231-705、（02）2304-7103
　　　　　　讀者服務傳真／（02）2304-6858
　　　　　　郵撥／1934-4724時報文化出版公司
　　　　　　信箱／台北郵政79～99信箱
時報悅讀網—www.readingtimes.com.tw
電子郵箱—history@readingtimes.com.tw
法律顧問—理律法律事務所 陳長文律師、李念祖律師
印刷—勁達印刷有限公司
初版一刷—2018年3月9日
初版二刷—2018年4月30日
定價—新台幣320元
行政院新聞局局版北市業字第80號
（缺頁或破損的書，請寄回更換）

時報文化出版公司成立於一九七五年，
並於一九九九年股票上櫃公開發行，於二○○八年脫離中時集團非屬旺中，
以「尊重智慧與創意的文化事業」為信念。

會說故事的巧實力/ 張宏裕 作. --初版. -- 臺北市：時報文化, 2018.03
　　256 面 ; 14.8*21 公分

ISBN 978-957-13-7287-7 (平裝)

1. 職場成功法　2. 說故事

494.35　　　　　　　　　　　　　　　　106025013

ISBN 978-957-13-7287-7
Printed in Taiwan